宝贝,
吃饭啦

幸福育儿

[韩] 吴相珉　朴炫荣　著
盛　辉　译

1000道

辅食不重样

吉林科学技术出版社

推荐序

　　兵马不动，粮草先行，喂养开启了育儿路上的第一扇大门。母乳之后，辅食上阵。每餐为宝宝准备什么辅食让很多新手妈妈费心伤神。

　　拿到样书，只恨相遇太晚。书中，初期果、菜、肉泥，中期汤、羹、粥、点，后期各类主食，琳琅满目，应有尽有。想起前些年为宝宝做辅食的时候，天天发愁。现在想想，当时若此书在手，何惧之有？

　　本书以图配文，赏心悦目，令人味蕾大开；制作过程简单，一目了然；辅食营养均衡，不失为一本易入门又实用的辅食工具用书。

　　吃饭是一件开心的事，给孩子做饭更是一件有趣的事。我们在享受做饭吃饭的时候，本身也是在享受生活、悦纳生活。让我们和宝宝一起乐在其中吧。

亲贝网创始人、总编辑 许萍

　　辅食添加是妈妈们心中的一道门槛。妈妈总是绞尽脑汁给宝宝变换着辅食的花样，这本书足以满足妈妈所有的愿望，1000道不重样的辅食，宝宝主动要吃饭再也不是难题！

新浪育儿频道

　　1000道辅食不重样，妈妈可以随意选择适合宝宝的佳肴，让您的宝宝每天有口福。这本书不仅内容丰富，更特别的是实用，每道辅食的制作过程都非常简单，让妈妈们可以方便为宝宝准备各类辅食。本书的膳食营养搭配也非常科学，让宝宝可以汲取各类营养，健康快乐地成长。

摇篮网CEO杨国

推荐序

经历了孕育的曼妙，看着身边的小人一天一天长大，妈妈体验更加丰富，辅食制作是妈妈要具备的重要本领。只要妈妈用心，宝宝一定会爱上辅食。本图书堪称辅食大全，具有很强的科学性，精美的食谱，花样繁多的制作方法，一定会让妈妈豁然开朗。

贝瓦网

宝宝的辅食不仅要求味道，颜值的重要性更是不能被忽略。这本书中所列举的千余道辅食不仅采用了常用的食材，更是在搭配上下了功夫，每一道都色香味俱全，让宝宝主动吃饭的美食书，这一本就够了！

宝宝树

作者序

我是一位普通的儿科医生。

我同时也是一位孩子的父亲。

作为一名普通的儿科医生，又是一名被称为"爸爸"的特殊人物，困难可不只是一个两个。虽然总是安慰妻子说"相信我就好，有什么可担心的？"，但真正开始养育孩子以后，作为儿科医生的我也经常会感到措手不及，这也许就是"育儿"的世界吧。

博客"胜雅的育儿日记"是从胜雅出生那天就开始经营了。当时觉得应该把这些让人紧张的育儿经验提前告诉给那些初为人父、人母的爸爸妈妈，同时也希望大家能够把育儿这件事情想成是件简单美妙的事情，哪怕只是那么一点点。

出于简单想法而开始经营的博客，竟然吸引了比想象还要多的人来访，而且博友们还和我分享了胜雅朋友们的故事。大家相互分享育儿的经验、美妙的心情，以及其中的苦衷，这使博客更有意义。正是有了在胜雅的成长过程中给予了大力支持的博友们，才让我更大程度地感受到了养育胜雅的快乐。

不知不觉，胜雅已经开始吃辅食了。我向平时就喜欢烹饪的妻子建议，让她把胜雅的辅食食谱发到网上，胜雅的妈妈欣然接受，但其实真正做起来并不是件容易的事情。

出于想与博友们分享辅食信息的初衷，每顿饭都制定了不同的食谱。就这样一年过去了。可能胜雅也是非常喜欢这些不同种类的辅食吧，现在已经16个月的胜雅并没有得过什么大病。

诚然，肯定还是会有很多父母不知道该如何将这些众多的辅食喂给孩子；他们觉得养孩子是件非常辛苦的事情，虽然也尝试制作各种各样的辅食，但最终会因为太辛苦而中途放弃。我觉得并不一定"要把所有的辅食在一年里都做出来"。出此书的目的是希望通过这些食谱让各位爸爸妈妈们感到给孩子做辅食不是负担，而是一种快乐。

也许大家在制作辅食前会去逛市场选食材，每种食材都会亲自处理，边流汗边看火。同时也会出现即使如此付出，孩子也可能会不买账的情况。

亲手给孩子做食物真的是一件令人感到幸福的事情。因为在制作辅食的过程中，我们可以感受到食材原有的味道，同时还会发现自己在不知不觉中已经成为了非常热衷于制作料理的人。与此同时孩子还能够接触到不同的食材和口感。

胜雅也曾一度不喜欢吃东西，一坐到饭桌前就哭。美食放到眼前，而餐具却总是会掉到桌上，有时还会只想着玩儿。虽然我也曾说过"饿她几顿没事的，不要硬喂"这样的话，但其实我们夫妻还是会很担心她的饮食。

经历几次这样的事情后，我们开始用客观的角度去审视孩子的食谱，根据我"不能背弃原则"的育儿观，我们重新制定了辅食的饮食规则，继续不断地尝试各种辅食和儿童餐，不知不觉中，胜雅开始主动要吃的了，而且有时吃完后还会伸出小手再要一些。即使到了现在，虽然给胜雅的都是一些用各种各样的食材制成的没有调料的食物，胜雅也没出现偏食的情况，我觉得这都是我们不断尝试各种辅食的结果。

胜雅妈妈也积累了很多制作辅食的要点，因此制作的时间也越来越快。所有的这些大家都会在书中看到，因此一定要加油啊。

虽然客观的判断和结论很重要，但在喂养孩子的过程中，真心、信任、坚持更为重要。当然，我们这些养育者既是学生，同时也是父母。所以，希望本书能够给大家些安慰与信心。

最后，对我们夫妇的福星——胜雅，我勤劳可爱的妻子，通过博客来一起分享育儿苦恼的博友们，以及热心于本书制作的编辑表示衷心的感谢。

胜雅爸爸

目录

喂养必修课

辅食说明

跟做辅食

初期辅食

第一个月

第二个月

初期间食

喂养
必修课

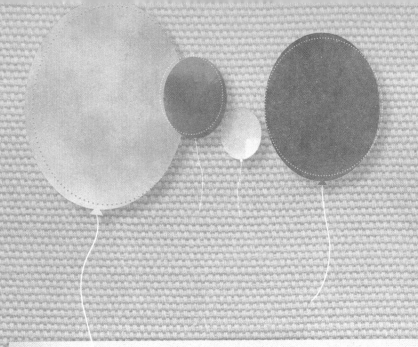

　　辅食初期、中期、后期、结束期出现的表格是按照"一定要这样吃"和"胜雅吃的食物"以及"营养材料"的主题整理出来的。给所有对应该如何制定辅食计划而苦恼的各位作为一个参考。

　　虽然我并没有这么做，但是中期喂食的材料中有一些是适用于初期的。玉米或者小白菜等就是这样的材料。因此 不要认为这些计划表中的内容是绝对的，所以要制定孩子适合的计划、挑选书中适用的内容。在辅食进行的过程中最应该注意的是初期和中期要保持3～4日的间隔时间，中期和后期要保持2～3日的间隔时间，再添加新的材料。相比较下，我想告诉大家结束期是最省心的一个时期。虽然没有必要，但是我还是在胜雅结束期即将来临时，在新材料添加上保持了一定的间隔期，这样让结束期更安全地度过。

　　推荐材料添加的进程，不必要焦急的效仿其他家庭的进程，不要因为想要给孩子喂这样那样的材料而无视了制定好的计划表。相反，如果放慢辅食的进程，将会在辅食进行的1年中错失品尝无数种材质和口感的材料。所以大家希望制定适合自己孩子辅食进程的计划，并严格遵守。

辅食说明

辅食添加时间

　　辅食从什么时候开始进行比较好呢？可以非常确定地说请从"宝宝有想吃的欲望的时候"开始。那么，如何知道孩子想吃了呢？以下内容可以提供一定的线索。

1. 作呕反射用舌头推出来消失的时候。
2. 可以看到孩子对食物感兴趣的时候（一个劲儿吧嗒嘴或看到大人吃东西会流口水）。
3. 挺直腰板能坐30分钟以上的时候。
4. 体重是出生时两倍的时候。

　　然而，一味按照孩子的节奏来给他们添加辅食也是不行的。凡事都有自己的规律。辅食添加过早会有被卡住的可能性，而且，很多文章都提到过，还有可能引发肥胖。此外，引发过敏的可能性也很大。相反，如果过晚添加又会如何呢？缺铁（母乳喂养孩子的情况）、发育迟缓、口腔运动缓慢、抵触流食、过敏性疾病（哮喘、特应性疾患：过敏性鼻炎、特应性皮炎等，属于遗传过敏性疾病）等副作用会很容易出现。总之，如果在孩子还没有准备好的时候强行添加辅食，会让孩子对吃饭这件事情产生一定的恐惧心理。因此，请大家参考辅食添加的客观指标。

类别	开始时间
配方奶喂养的孩子	满4~6个月
母乳喂养的孩子	满6个月以后

也就是说，在4~6个月这个时间段开始添加辅食是最恰当的。根据孩子是食用配方奶还是母乳来决定开始的时间。然而，由于每个孩子的发育情况以及每位母亲的母乳量有所不同，因此，即便是完全母乳喂养的孩子，也没有必要一定要等到满6个月以后再添加。稍微早一点也没关系。一直劝母乳喂养的孩子6个月之前不要喂食其他食物的原因是，只吃母乳的孩子其胃肠感染等感染性疾病及过敏性疾病发生的少，而且，6个月以后喂辅食也不会发生因为缺铁而引发的贫血。

胜雅的情况是，虽然是纯母乳喂养，应该满6个月以后再添加辅食，可是胜雅妈妈的母乳量较少，哺乳时间也没有再增加，而且胜雅的口腔运动已经开始，再加上她让我们看到了她对事物的好奇与关注，因此，从她满5个月，就已经开始添加辅食了。

辅食说明

从喂食什么食物开始

一般妈妈们都会按照"谷物—蔬菜—牛肉—水果"等顺序开始添加辅食。但是，笔者建议大家还是按照"谷物—牛肉—蔬菜—水果"这个顺序进行。

谷物　　　　　牛肉　　　　　蔬菜　　　　　水果

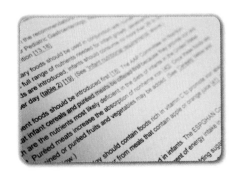

由于最新医学资料表明，通过牛肉可以吸收到铁和锌，因此才劝大家如果喂食牛肉后没有出现异常的话，再逐步添加蔬菜和水果。尤其是在开始添加牛肉之后，最好每顿饭都添加牛肉。前面已经提到过，对于母乳喂养的孩子来说，需要在对铁和锌的吸收方面多加关注。当然，配方奶喂养的孩子也是一样的。在孩子需要添加辅食的5~6个月这段期间，配方奶和母乳已经满足不了孩子成长所需的铁和锌的量。

牛肉很重要

笔者作为一名儿童青少年保健科医生，并不建议向孩子推荐全素的食谱。肉类是补充蛋白质和铁、吸收锌所必需的食物。不论是母乳喂养的孩子，还是配方奶喂养的孩子，只要是开始添加辅食的孩子，在喂食了4天米糊之后，就应该开始喂食牛肉米糊了。

肉类不是说就喂食一次，或者是一周几次，而是需要每天都添加一定的摄入量。市面上所出售的一些辅食类书籍中都是按照"豌豆糊""菠菜糊""土豆稀饭"这种形式进行介绍的，可实际上这只是为了方便整理而已，通常里面都会添加牛肉或者是鸡肉的。

偶尔会有脸色十分苍白的孩子来我这里检查，结果发现他们都是由于贫血而导致血红蛋白数值低才变得脸色苍白的。询问他们的妈妈是否有喂食肉类，可结果发现很多妈妈都对肉类和铁并没有十分关注。对于喂食辅食或儿童餐的孩子所需要的营养成分，我们家长一定要有深刻的认识。

● **肉馅**

与市场上所出售的搅好的肉馅相比，买回肉来自己剁成肉馅更为合适。因为现成的肉馅我们并不知道是用哪个部位的肉制成的，而且还有可能肥肉太多。此外，随着孩子不断长大，所需食入的颗粒大小也要随之增长。也许会有人问，当孩子拒绝辅食或者是消化不太好的时候，一味去调节肉类的颗粒大小是否有意义。其实，无论何时，都是可以向孩子提供肉类的。叶菜、根菜、饭粒，乃至肉类等所有孩子能够摄取的食物，都需要逐渐地调节这些食材的颗粒大小。

● **牛肉部位**

像牛腩这样的部位，由于油大而味道鲜美。但是并不一定非得选用油大的部位。与"绝对不可以"这类的意见相比，更建议大家用油相对少一些的里脊等部位。油大的部位由于饱和脂肪酸含量高，因此对于成人来说也并不是很好。相反，像牛腱子、牛霖肉等部位虽然脂肪含量低，但比较劲道。牛臀或牛上腰等部位的脂肪含量虽然低，但相对柔软，也是适合选用的。

● **血水去除**

去除血水是为了去掉牛肉的腥臊味。如果不去血水直接使用的话，在蒸煮的过程中血水会凝结成团，味道也不纯正。然而，其实即便是不去除血水，从营养学角度来看也是没有什么关系的。

虽然对于是否去除血水方面还存在一定的纷争，但这并不重要。重要的是"每天都需要食入一定量的肉类"以及"不仅要食入肉类，还需要食入瘦肉"。

胜雅的辅食中所使用的牛肉会根据不同的情况进行处理。如做肉汤的时候，撇除血水后使用，而在烤制肉饼等食物时，会使用不去除血水的肉。

●冷冻肉

曾有人问过我"是否能使用冷冻肉？"，不存在不能用的理由。但是，一般冷冻肉都是处理好之后再进行冷冻保管的，然而，如果买冷冻肉的话，会在解冻之后再冷冻，然后再次解冻后使用。因此，建议大家的使用方法是买回冷藏肉后，先冷冻，再解冻后使用。

●需要食用肉类的时期

在学术界和医生之间对于"肉类需要吃到何时为止？"这个问题一直存在着多种意见。满3岁之前，通过肉类来摄取所需的氨基酸是非常重要的。我的建议是，"直至大脑发育完全的3~4岁为止，最好每天都要食用肉类"。

辅食添加的量

刚开始喂食辅食的时候，需要从"几勺"开始呢？其实并不是要固定一定要多少毫升，而是要根据实际情况一点一点地逐渐增加。通过观察从初期、中期、后期，乃至结束期孩子所食入的东西，以及孩子粪便的情况来进行适当地调节。

然而，并不需要因为孩子无法消化妈妈所定的量而感到担心。由于到8个月为止，孩子的主食是母乳（或配方奶），因此，即使孩子不吃辅食也不用过度担忧。虽然有些妈妈会因为看到孩子吃不掉给他们定的量，或者拒绝食用辅食而感到无措，但其实并不需要这样。

6~8个月的孩子所需要的所有热量有80%是来自于母乳或配方奶，而只有20%来自于辅食。此时，母乳或配方奶的摄入量需要在700毫升以上。9~11个月孩子所需要的热量有60%来自于母乳或配方奶，40%来自于辅食及间食。此时，母乳或配方奶的摄入量应为600毫升以上。就这样逐渐增加辅食的比例，等到周岁的时候，需要摄入的热量会为900千焦，而此时热量的主要来源是从食物中获取。

	开始后几天	初期（4~6个月）	中期（6~8个月）	后期（9~11个月）	结束期（12个月以后）
辅食总量	从1~2勺开始	每个孩子都有所不同，逐渐增加		1/2杯（150~200毫升）	饭60~70克，小菜20~30克
配方奶/母乳量（结束期：鲜牛奶）	–	800~1000毫升	700~800毫升	500~600毫升	400~500毫升
总热量（按照体重）	–	85~95千焦	80~85千焦	80千焦	80千焦
辅食热量比重	–	50%以下	50%左右	50%以上	50%左右
次数	–	1~2次	2~3次	3次	3次

辅食添加的时段

　　何时喂食在辅食添加过程中是非常重要的。因为需要让孩子在非常情愿的情况下接受辅食。在哺乳后喂食辅食的理由是，当时的孩子出于心情愉悦的状态，而在此种状态下很容易接受辅食。而进入中期或后期以后，如果哺乳和辅食的时间分开，会导致孩子食入食物的次数增加，这也就成为出现肥胖的原因。同时，还容易导致不规律的饮食习惯。此外，还有可能出现只吃辅食，拒绝母乳或配方奶的情况。

	初期		中期		后期		结束期
	第一个月	第二个月	第一个月	第二个月	第一个月	第二个月	整体
辅食形态	糊	非常稀的粥	稀粥	稠粥	非常稀的稀饭	稀饭	稀饭
食用时间	上午10点		上午11~12点		下午5~6点		早上8~9点
顿数	1顿		2顿		3顿		3顿
哺乳次数	6次		5次	4次	4次	3次	两次（间食）

初期开始添加辅食的时候，如果孩子出现拒绝辅食的情况，可以按照"右侧（左侧）哺乳—辅食—左侧（右侧）哺乳"的顺序来添加。虽然最好能和大人吃饭的时间统一，但由于初期的时候只需要喂食一次辅食，因此，每天上午或下午的中间时间进行添加是较为合适的。

进入到中期，辅食的顿数增加到两顿的话，可以将其中一顿的时间调整到与大人的吃饭时间统一。最好是上午11~12点之间一次，下午5~6点之间一次。

进入到后期，辅食的顿数增加到3顿的话，尽量让孩子能够习惯大人的饮食时间，争取做到和大人一起吃。

结束期与后期一样，让孩子熟悉大人的饮食时间及氛围，让他们和大人一起吃。

粥的调制

胜雅妈妈在制作辅食的时候，也曾为10倍粥、8倍粥、5倍粥这样的"倍粥"该如何掌握而感到困惑。大家只需要将"倍粥"理解为加入米分量相应倍数的水即可。因此，如果用15克的米来做10倍粥的话，则需要加入150毫升的水。

然而，加入相应分量的水和材料后，在煮的过程中需要用文火，因此，在煮10倍粥的时候，也会出现比较黏稠的情况。所以，我们可以多准备一些水，根据最终完成的糊的形态来进行相应的调节。

如果过于黏稠，对于刚开始接触辅食的孩子来说很容易会引起便秘。如果太稀的话，由于量会很多，因此会导致孩子连一半都吃不了而扔掉的情况，这也就意味着无法充分摄取到设定好的肉类和蔬菜。

同时，在制作倍粥时所使用的水最好使用煮鸡肉或牛肉时所剩下的肉汤。这样会使辅食更加美味。

糊和泥

对于6个月以上的宝宝来说，在开始喂食手抓食物之前可以给宝宝做间食如搅碎的水果、果汁，还有糊状食物。很多妈妈会担心对辅食还不是很适应的孩子喂食这种没有水分的食物是否合适。其实，由于刚开始喂食辅食的时候，会有很多孩子受到便秘的困扰，因此最好还是从糊或泥类的食物开始。

糊
将水果或煮熟的蔬菜碾碎，加入少许水，制成黏稠状的食物

泥
轻轻碾碎的食物

简单来说，把泥类食物放多点水即可成为糊。初期开始就喂食没有水分的食物会让孩子肠胃有负担，因此，初期的时候主要喂食一些在煮熟的食物里添入水来调节浓度的糊状间食，进入中期以后，主要喂食一些泥状食物。

糊状食物一般都是用土豆、胡萝卜、地瓜等食材煮熟后制成，如身
想让其更加水润爽口，可以混入一些黄瓜或水果。

 刚开始让胜雅接触糊状食物的时候，我们担心会卡住嗓子，
因此是与捣碎的西瓜一起喂食的。当时小家伙拽着妈妈的手指，吃
得非常来劲儿。

辅食说明

不同时期的食材用量

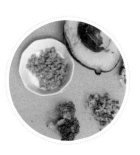

只有进入结束期时，才是真正为孩子吃"饭"而做准备的。食材的用量也需要根据孩子的实际情况进行相应的调节。

蔬菜（一顿饭的标准）

初期		中期		后期		结束期
第一个月	第二个月	第一个月	第二个月	第一个月	第二个月	全程
5克	10克	15克	20~25克	25~30克	30~35克	40~50克

当需要把多种蔬菜搭配在一起的时候，可以稍微增加一些用量。进入中期或后期以后，如果觉得孩子有拒绝的意思，可以将用量从20克减少到15克。一切都需要以孩子的实际情况为准。

大米（谷类，一顿饭的标准）

初期		中期		后期		结束期
泡好的大米		泡好的大米		稀饭		稀饭
第一个月	第二个月	第一个月	第二个月	第一个月	第二个月	全程
15克	10~20克	20~25克	30克	40克	50克	50~60克

泡好的大米刚开始的时候需要碾碎之后制成辅食，进入到后期和结束期的时候以稀饭的形式给孩子喂食。

肉类（牛肉、鸡肉，每天需要的摄入量）

初期		中期		后期		结束期
第一个月	第二个月	第一个月	第二个月	第一个月	第二个月	全程
5克	10克	20克	20克	30~40克	40~50克	50克

笔者一直在本书中强调："不能只喂食菜粥。为了给孩子补充铁质，需要每天将牛肉加入到粥或者稀饭里。"初期的时候需要把肉类加入到一顿饭里。中期的时候每顿饭10克，后期每顿饭约15克左右。

间食（糊、泥、手抓食物、一顿饭的标准）

初期		中期		后期		结束期
第一个月	第二个月	第一个月	第二个月	第一个月	第二个月	全程
30~50克		50~80克		80~100克		100~120克

就像它的名称"间食"一样，并不需要让孩子像吃辅食一样，一定要吃饱，只需让孩子在毫无负担的情况下享受美食即可。

不同时期的颗粒大小

　　妈妈们在制作辅食的过程中最为烦恼的一件事就是颗粒的大小问题。无论是对于那些经常会呕吐的孩子，还是习惯不咀嚼而直接吞咽的孩子，抑或是经常不舒服的孩子，还有那些会将辅食吐出来的孩子、出牙晚的孩子来说，颗粒大小都是需要逐渐加大的。

　　尤其是进入初期的时候，颗粒大小调节得好会有利于喂食辅食中期的开始。并不是说因为是初期阶段就一定要喂食像10倍粥之类的流食。初期也分为初、中、后3个阶段，每个阶段的喂食的浓度和颗粒大小都需要增加，这样才能顺利进入到后期的稀饭阶段。

蔬菜

初期		中期		后期		结束期
第一个月	第二个月	第一个月	第二个月	第一个月	第二个月	全程
搅碎后用漏勺过滤	搅碎	切碎	切成3毫升大小	切成3~5毫升大小	切成5~8毫升大小	切成1毫升大小

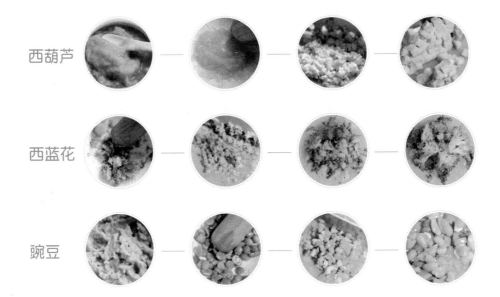

西葫芦

西蓝花

豌豆

大米（谷类）

	初期		中期		后期		结束期
	第一个月	第二个月	第一个月	第二个月	第一个月	第二个月	全程
	搅成糊状	可以有少许小块	可以看出米粒的形状，泡好的大米3等份程度	煮的时候可以清晰地看出米粒的大小，泡好的米两等份	制成稀饭食用		稍稠一点的稀饭

肉类（牛肉和鸡肉）

初期		中期		后期		结束期
第一个月	第二个月	第一个月	第二个月	第一个月	第二个月	全程
搅碎后舂碎至起毛刺的程度	剁碎	切成1~2毫升大小	切成2毫升大小	切成3毫升大小	切成3~5毫升大小	切成5毫升大小

　　初期的时候需要煮熟后舂碎，中后期的时候只需切碎或切成适当大小加入即可。

粮食（糊、泥、手抓食物）

初期		中期		后期		结束期
第一个月	第二个月	第一个月	第二个月	第一个月	第二个月	全程
水分较多的糊		糊和泥	泥和手抓食物（年糕、小饼干等），浓汤，奶昔		切成可以方便用手抓食大小的水果，糕点类（蛋糕、蒸糕等），奶酪球，比萨，煎饼	与后期相同

　　如果孩子对于泥状食物感到有负担，可以喂食水分较多的糊状食物。另外，如果孩子拒绝食用手抓食物的话，即便是到了该吃手抓食物的时候，也还是先喂食泥状食物较好。

‖ 孩子不喜欢吃的原因

如果是出于健康状态的孩子不喜欢吃辅食或吃的过程中感到恶心的话，可能会有如下几个原因：

1. 颗粒太大。

2. 勺子太大或者太深。

3. 一口喂食的量太多。

4. 拒绝某种食材的香气或者是味道。

如果孩子出现呕吐或者是感到咽食困难的话，可以暂时返回到原来的状态。结束期即使稍晚一些也不会对孩子的发育和吃饭方面造成很大的影响。当然了，如果晚3、4个月的话是不正常的，还是需要根据孩子的实际情况来看。

‖ 练习咀嚼

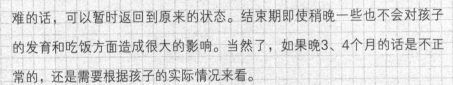

孩子越是不好好咀嚼，就越应该通过调节颗粒的大小来让其进行咀嚼练习。如果不喂食大颗粒的食物，或者是生蔬菜、生水果的话，类似粥一样的食物是不会出现危险的。当然，对于那些感到恶心、难以下咽的孩子来说，增加颗粒大小会让孩子对所有的辅食都会产生抗拒的心理，因此还是需要小心的。

可以先通过别的东西来让孩子进行咀嚼练习和口腔蠕动练习。笔者比较推荐米饼。此外，大家也可以参照本书中可以做咀嚼练习中期间食中的相关食谱。如果能够活用间食中的手抓食物的话，可以让孩子充分体验到咀嚼的快乐。

如果颗粒过大的话，会通过孩子的粪便排泄出来，因此有很多妈妈会担心这样是否也能吸收到一定的营养。其实一部分会吸收，一部分用来排泄，最重要的是，随着颗粒大小的增加，烹饪的时间也需要相应增加。菜叶如果排泄出来，这说明菜叶没有充分熟透。我们需要让食材熟到即使颗粒大，孩子也能用牙床碾碎的程度。

🍴 需要进行咀嚼练习的原因

孩子通过咀嚼不仅可以感受到不同的口感，而且还能使用到咀嚼肌，而这一系列的活动对于孩子的大脑发育会产生非常好的影响。当然，也有很多成人在吃饭的过程中习惯直接吞咽。然而，碳水化合物需要靠在咀嚼过程中产生的淀粉酶来消化，因此，不咀嚼的习惯会引发消化障碍。对于孩子来说，咀嚼本身就很有意义，因此一定要让孩子养成咀嚼的好习惯。

粗粮的食用

很多人都认为连大人都不易消化的粗粮是不应该经常出现在孩子的辅食里的。因为都是些没有舂过的大米所以才这样想的。如果对大米没有过敏反应的话，那么对糙米也不会有过敏反应，因此可以适当添加。其实糙米在添加辅食初期阶段即可食用。

在使用糙米或黑米来制作辅食的时候不需要使用100%的糙米或黑米，只需要混入一定量的（1/3左右）糙米或和黑米即可。此外，还可以使用燕麦、大麦、糯米、黄米等。

面粉什么时候可以使用

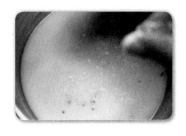

在开始喂食辅食不久以后，就可以用在辅食中撒入少许面粉来进行谷胶过敏测试。虽然在添加辅食初期阶段也可以，但如果非常担心的话，可以从满6个月的时候开始。虽然有测试的目的，但同时也是为了让孩子对面粉、谷胶产生一定的适应力。

方法就是在制作辅食的过程中将非常少量的（一小撮）面粉撒入到辅食里一起煮即可。由于在美国谷胶过敏（不仅如此，还有一些坚果类等过敏）的人很多，因此相当多的食品或加工食品都会贴上"不添加谷胶"的标签之后进行销售。

总之，由于需要观察孩子有无异常反应，因此在添加新食材的时候请大家不要撒入面粉。建议大家在添加新食材3、4天以后，再撒入面粉进行观察。

水果的食用

很多妈妈在辅食初期阶段都会极度小心，其实过了6个月以后，受限的蔬菜和水果就逐渐减少了。但是，如果想调节一下甜度的话，可以将南瓜和地瓜等蔬菜稍微往后推一下，水果中的西瓜和李子等高糖的品种最好也放到初期的第二个月。

添加水果最开始的时候最好以糊的形态，煮熟之后用漏勺过滤一下，6个月以后就可以食用新鲜水果了。但是，过多食用也不好。（因为6个月以前可以推荐的营养水果基本没有。因此，6个月以后才可以。）可以将新鲜干净的水果捣碎喂食，也可以制成水果泥喂食。刚开始最好喂食苹果、梨、李子等水果，如果超过6个月的话，就没有必要过度挑剔了。

苹果和梨等稍微有些硬的水果在进入中后期以后与其制成手抓食物，不如磨碎之后喂食更为安全。甜瓜、杧果、香蕉等比较干的水果适合制成手抓食物。在选择水果的时候，香蕉需要选择表皮有黑斑的，酪梨需要选择表面变黑的、熟透的类型。

胜雅是从苹果、梨和李子开始接触水果的。刚开始的时候像是吃了较酸的食物而皱眉，无法适应水果的口感，可几天以后就慢慢开始接受了。

　　水果最好是间食时间喂食，而不要随时喂食。诚如"间食"这个词所传达的意思一般，并不是孩子不饿的时候喂食，而是在两次哺乳之间进行喂食。

水果适量

　　在喂食果汁的时候，并不是购买市面上销售的"水果香果汁"，而是在家用擦板擦过之后再用漏勺过滤出来的果汁。此外，不要用勺喂食，而要用杯子进行喂食。因为6个月以后需要用杯子喝水进行练习了。

	初期	中期	后期	结束期
烹饪方法	搅碎的新鲜水果，果泥，果汁	切成块的新鲜水果，果汁	新鲜的水果，果汁，水果片或者去除核的水果	苹果或梨等口感硬的水果还是需要搅碎会后喂食，草莓、猕猴桃、番茄等可以切碎食用
可以使用的水果	苹果、梨、李子、香蕉等，没有特别限制	橙子、桃子、西瓜等，没有特别限制	没有特别限制	没有特别限制
每日提供量	糊每次100克左右，果汁每次1/2杯	1~2次	1~2次	1~2次

　　番茄、草莓、葡萄是存在争议的水果。有的人认为从添加辅食初期开始喂食即可，有的人认为应该从中后期开始喂食，还有人认为应该过了周岁以后才能喂食这类水果。首先我们不可否认的是这些水果确实需要小心喂食，但在喂食过程中没有出现问题的话，就没有必要特别限制了。

吃完水果之后与喂食辅食的时候一样，需要用蘸了水的纱布给孩子清洁一下牙床。

水果应用于辅食

胜雅的辅食中经常会加入水果，主要有能散发甜味的苹果、梨、杧果、香蕉等。在喂食添加了水果的辅食时需要注意的是，需要每顿都加入水果，还是隔几天吃一次。一直喂食较甜的辅食是非常不好的事情，我们不能让孩子认为辅食主要都是甜味的。水果辅食最好是在孩子不舒服的时候或者没有胃口的时候以特餐的形式做给孩子吃。

在制作甜口的水果辅食时，虽然什么时间添加并没有特别要求，但如果和酸味的食材一起煮的话，像会散发甜味的菠萝、草莓等水果不要在中期添加，而是需要在后期的时候再添加比较合适。

需要注意的是，没有熟透的香蕉和甜柿子是会诱发便秘的。有便秘的孩子在喂食的时候就需要注意了。相反地，有黑色斑点的熟透的香蕉中所含有的单宁酸却

会由不可溶性变成水溶性，因此反而有利于缓解便秘。附着在香蕉皮桑的一层薄薄的筋富含果胶，非常有助于肠活动。甜柿子也是一样的。熟透的甜柿子不仅没有涩味，而且还有黑色斑点，这是其中的单宁酸不溶化的表现。熟透的甜柿子不会诱发便秘，因此可以作为食材使用。

孩子的饮料

水

不满4个月的健康婴儿是不需要单独喂水的。因为他们通过母乳或配方奶就能充分地吸收水分。但是，一旦开始喂食辅食，情况就会发生相应的改变。虽然不是一定需要，但还是需要每餐之后喂水。当然了，不能喂太多水。天气炎热或进行户外活动的时候可以适当增加喂水次数。

如果在喂食辅食的过程中，孩子出现口干的情况，可以喂食1~2次的水。如果喂食过多的水，会出现大便变粗的情况，而且由于喝水喝饱了，会导致拒绝食入母乳或配方奶，抑或是辅食的情况，所以一定要多加注意。

前面也已经提过，在喂食水的时候不要用吸管杯或勺子，而需要用一般的杯子。6个月以上的孩子是可以用杯子来进行饮水练习的。在开始喂食辅食不久之后就可以进行这样的练习了。还有，水一定要烧开以后再喂。即需要给孩子喂凉开水。

大麦茶

当孩子打嗝儿的时候，大人经常会说"煮点大麦茶喝"。然而，无论是大麦茶，还是水，只要是母乳或配方奶之外的水都是不可以随时喂食的。如果喝水喝饱了，孩子就会拒绝食入辅食或作为主食的母乳或配方奶了。

大麦茶本身对孩子来说并没有坏处。可以把它当成是辅食的一种材料。然而，它并不比开水好，因此没有必要一定要喝大麦茶。因为我们需要尽可能将需要炒或者烤的食材放到以后食用。

果汁

对于不满6个月的孩子来说，果汁是没有一点益处的。因此建议大家不要喂食。6个月以后的孩子，在喂食果汁的时候，不要装入奶瓶喂，而是需要用杯子进行喂食。这是为了防止孩子生蛀牙。此外，最好是饭后与辅食一起喂食。如果随时都喂食的话，容易导致孩子会因为失去胃口而拒绝辅食，还会成为引发湿疹、腹泻和体重超标等问题的原因。在喂食果汁的时候，最好喂食那种用新鲜水果榨出来的汁。市面上所销售的水果汁只是通过合成香料的帮助而散发出"水果味"的饮料而已。

鲜牛奶的喂食时间

什么时候可以开始喂食鲜牛奶呢？""一定要喂食鲜牛奶吗？""不喂鲜牛奶，喂配方奶不行吗？""哺乳期也需要喂食鲜牛奶吗？"

后期辅食阶段结束的时候，差不多已经满周岁了，对于那些打算忌奶的妈妈们来说就有些开始苦恼了，主要是因为她们开始苦恼是否需要喂食鲜牛奶。

周岁之前是禁止喂食鲜牛奶的，理由如下：

1. 鲜牛奶比加工过的配方奶更加不易吸收。
2. 高浓度的蛋白质矿物质对于肾脏功能还不健全的婴儿来说会造成过度负担。
3. 由于缺乏铁和维生素C等而容易导致出现缺铁性贫血。
4. 鲜牛奶中的蛋白质会刺激未满周岁孩子的胃黏膜，进而会导致肠出血。
5. 缺乏孩子所需的必需脂肪。

基于以上原因，建议大家还是等到孩子满周岁以后再喂食鲜牛奶。而且，最好将量限制在500毫升以内。牛奶的量过多会导致饭量减少，从而会出现营养不均衡的情况。

如果孩子满周岁了，还是建议大家开始喂食牛奶的。不满两周岁的孩子不能食用低脂肪或者是无脂肪的牛奶。因为脂肪是孩子成长所必需的。如果孩子呈现出由于体重增长而导致肥胖或成人病的症状，就一定需要与青少年科专家进行商议，喂食2％的低脂肪牛奶。但如果不是这类情况就需要喂食一般的牛奶。

从配方奶向牛奶进行过渡的时候

直接换掉也没有什么问题。只需将每日不满500毫升的配方奶量完全用牛奶进行替换即可。对配方奶没有什么排斥反应的孩子来说，对牛奶也不会有特别反应的。需要注意的是，需要用杯子来喂食牛奶。牛奶一般冷藏保管即可，没有必要一定要加热。但如果孩子对凉牛奶有所拒绝的话，可以先将牛奶放到常温状态下一会再喂食即可。

了解豆奶

主要有豆和水，就可以很轻松地做出豆奶来。因为豆奶就是"将豆磨碎后制成的凝胶（炼乳）状态的饮料"。

如果是给孩子买市面上销售的豆奶来喂食的话，笔者更建议用牛奶来代替豆奶。因为市面上所销售的豆奶十分香甜，所以孩子肯定会喜欢的。即便是专门为了孩子而制作的豆奶，其成分本身也是不好的。经常会加入到出售的豆奶中的成分是液态果糖，大家还记得可乐就是用液态果糖代替糖而获得大卖的吗？这种液态果糖是将淀粉急速分解后，混入了由果糖异变后的葡萄糖和果糖的混合液而制成的。因此说它不好其实并不合适，应该说这种液态果糖有中毒的危险。而且，还会给孩子造成没有营养的饱胀感。孩子们一旦对这种可以给他们带来饱胀感的饮料产生依赖的话，就自然会出现远离饭菜，只想吃豆奶了。

制成豆奶的主要成分黄豆中含有会妨碍孩子吸收成长所必需的锌、铁等无机质的植酸。因此，食入过多的黄豆对孩子来说也不好。而且，黄豆中还含有植物雌激素，豆奶中的植物雌激素对身体虽然没有什么影响，但过量的摄取对于青春期以前的孩子，尤其是对婴幼儿来说会引发激素相关的问题。

防止"吸入"

我们经常会使用"呛到"这个词。"呛到"就是"吸入"的意思。异物进入肺部而引发的疾病被称为吸入性肺炎。即一旦出现"吸入"，不仅容易导致肺炎，而且如果气管阻塞，就会出现呼吸道阻塞的危险。

阻止"吸入"的方法

不要给站着的孩子、跑跳中的孩子和坐车的孩子喂食食物

"不要给围着一个地方转的孩子喂食"，这种并不仅仅是习惯问题，而且如果给移动中的孩子喂食的话，很容易会出现"吸入"的情况。

了解一下需要注意的食物

栗子作为坚果类食物，可以从中期后半段开始食用。然而，由于栗子水分少，所以可以用来制作泥类食物，或者蒸熟之后直接给孩子吃。笔者曾经接触过一位由于吃栗子而导致呛食而来医院的孩子。之前按照肺炎进行治疗，在了解了实际情况以后才知道原来是因为吃栗子呛到了的事实。在实施了全身麻醉后通过支气管镜取出了栗子。在喂食栗子的时候可以与水分多的水果一起磨碎后喂食，或者也可以稍微喂一点水。不仅是栗子，像白瓤地瓜类较干的食物也是一样的。

面包是进入后期或结束期以后可以喂食的食物，直接把面包喂食给
孩子是比较危险的。因为面包遇到唾
液后很容易会黏附到食道上。在喂食
面包的时候一定要烤过之后再喂。

年糕是大人小孩都需要注意的食
物。首尔近5年间由于吃年糕阻塞了
呼吸道而导致死亡的人数有76名之多。年糕如果不是那种松脆质感的或
者很容易分离的品种，就不要给孩子喂食了。

水果中不能用牙床碾碎较硬的品种（苹果、梨、甜柿子等）对于那
些没有正常出牙或者还不能进行咀嚼练习的孩子来说是很危险的。在此
之前最好将水果制成泥状或磨碎以后再喂食给孩子。

坚果类（花生、核桃、杏仁等）食物，尤其是花生导致"吸入"的
可能性是非常大的。由于容易阻塞气管，因此不能喂食整颗的坚果。花
生等坚果类的大小与婴幼儿气管直径相近。因此一定要碾碎或磨碎之后
再喂食。

硬硬的饼干对于还没有长幼齿的孩子来说也是禁止的，在这之前
可以喂食放到嘴里容易融化的饼干。硬硬的饼干不仅容易割伤食道和口
腔，而且还存在"吸入"的危险。

一定要注意，不能让异物进嘴
笔者曾为由于贴纸沾到嗓子上而导致5天不能进食的孩子进行过治疗。当

时幸好是一块非常小的贴纸才没造成严重的后果。由于圆形的小贴纸能够阻塞孩子的呼吸道，因此是非常危险的。由于像纽扣、塑料、硬币甚至是药瓶盖孩子都能咽下去，因此一定要注意不能让这类东西进入到孩子的嘴里。

"吸入"带来的危险

窒息

前面提到的需要我们注意的食物不仅可以引起"吸入"，还有可能由于"吸入"而导致窒息。即由于无法自主呼吸而引发对脏器和大脑的损伤。一旦窒息，不仅发不出声音，脸色也会变青，而且连咳嗽都很困难。此时如果不能及时实施急救的话，有可能导致孩子致命。但是，如果能够发出声音，而且也能咳嗽的话就说明没有完全阻塞呼吸道，但也请大家不要因此而做出像将手指伸入孩子口中，让孩子呕吐等不正规的处理。

"吸入"性肺炎

当异物跨越大的气管，进入到内部的时候虽然没有窒息的危险，但异物停留的地方会引发炎症，进而导致演变为肺炎。如果针对同一患处的肺炎进行持续治疗没有效果的时候，就需要确认一下在此之前是否有呛到过。

"吸入"应急措施

判断是否是"吸入"

首先，如果是呼吸道阻塞的话，脸色会呈现出青色。开始失去意识，如果完全阻塞的话是发不出声音的，连呜咽的声音也无法发出。甚至都无法咳嗽出声。如果孩子咳嗽的话，不要硬把手指伸入口中让孩子呕吐，而是需要诱导孩子咳嗽，通过咳嗽所产生的压力来协助异物的排出。为了防止因咳嗽而排出的异物再次被"吸入"，需要让孩子低头。

急救申请

这是最重要，也是最先应该采取的措施。如果周围有人，就请求别人帮忙拨打120，如果没有人，就需要本人亲自拨打急救电话。在急救车到达之前可以做如下紧急处理：

不满1岁时	支起孩子的大腿，脑袋向下，用手抓住孩子的下巴，另一只手拍打孩子的背部。转过孩子，用手按压心窝下方（心窝与肚脐之间）5次。食物如果出来的话，需要将手指伸入口中确认食物是否还含在嘴里
超过1岁时	两手分别从两侧从背部向腹部挤压。6～10次后如果异物还没有出来就继续反复进行这种活动

妈妈们常犯的错误是将手伸入孩子口中，让孩子呕吐。这样做的话容易让食物呕吐出来后又重新咽回去而导致窒息。这样就陷入了更加危险的境地。

在医院会通过支气管镜来确认异物的位置，然后将异物取出。由于支气管镜又直又粗，因此只能在全身麻醉的情况下进行操作。

80%"吸入"的孩子都是未满3岁的。此阶段的孩子好奇心强，无论抓到什么都会塞到嘴里。因此，对于此年龄段的孩子一定要加倍小心。瞬间的失误就能让孩子处于危险的境地，还得采取全身麻醉才能进行手术，这就是"吸入"的危险性，因此一定要注意孩子的安全。

餐后刷牙

一旦开始饮用辅食，即使还没有出牙，也是有食物进入口腔，因此最好还是要进行口腔清理，即擦拭牙床即可。

牙齿颗数

牙齿的颗数平均按照"孩子的月数-6"来计算即可。如果孩子满10个月，那么就是10-6等于4颗。当然，这只是平均数量，实际上有些孩子出牙早，有些孩子出牙晚，因此并不需要过度担心。有些孩子从12个月才开始出牙。

擦拭方法
1. 用消过毒、煮过的纱布蘸上温水。
2. 口腔的每个部位都要像按摩一样轻轻地擦拭。

擦拭的次数

每天两次，最好是在喂完辅食之后进行擦拭。牙齿的清理从食用辅食开始，用湿纱布擦拭口腔的每个部位即可。笔者个人建议大家使用蘸水的纱布，而不要使用含有化学成分的口腔湿巾。之后慢慢变成用幼儿专用硅胶牙刷——幼儿牙刷来清理口腔。

当初是先用纱布给胜雅清理口腔的，然后使用的是包有手绢的硅胶牙刷。之后开始使用的硅胶牙刷来给她轻轻地刷，待发现她似乎已经适应了牙刷之后，就开始买儿童牙刷正式给她刷牙了。当时胜雅上面长了4颗牙，下面长了两颗牙。在胜雅面前摆出刷牙的姿势，让她观察儿童牙刷，不知不觉就开始跟着学了。早早地让孩子消除对刷牙的拒绝，像做游戏一样教给他们如何刷牙的话，等到在孩子真的应该刷牙的时候孩子会配合刷牙。

关于牙膏的使用

直至最近，都在建议我们在孩子满两岁以后再开始使用含氟牙膏。然而最近，美国少儿牙科协会正在建议大家当孩子开始长幼齿时就使用含氟牙膏。在刷牙过程中有可能被孩子吞咽的氟含量不仅不能引发任何问题，而且还有利于预防牙齿龋蚀症。当然了，儿童牙膏的氟含量需要比成人低很多，大概五分之一左右。另外，无氟牙膏并不是争论的对象。无氟牙膏对预防龋蚀症没有效果。

什么时候才能自己吃东西

在喂食孩子的过程中，请大家要时刻有给孩子自己吃东西的机会这种想法。因为孩子最终还是要自己吃东西的。

笔者建议从辅食后期的第一个月开始进行自己吃饭。虽然很多人都说7～8个月的时候就应该开始，但以胜雅的情况来看似乎7～8个月的时候就让孩子自己吃饭会很困难。开始进入添加辅食后期阶段，孩子已经满9个月了，此时孩子具有强烈的模仿意愿，开始有自己的想法了，什么事都想自己尝试一下。因此，在餐桌上也需要相应地确保他们的自由，以适应他们多样的欲求。当然了，把勺子放到他们手里的练习在这之前就可以开始了。

为什么要让他们自己吃

对于那些没有被赋予自己吃饭这种机会的孩子来说，他们不会认为"这是为了自己而吃"。如果妈妈总是以哀求的口气和孩子说"你得吃饭啊；啊，来一口；再吃点"的话，孩子就会认为"这是妈妈让我吃的，为了妈妈才吃"。当然了，这样很容易会出现拒绝吃饭或消极吃饭的情况。孩子们在吃饭的时候，我们经常会因为他们做小动作、不想吃，或者是总是做一些引人注意的行

为而生气，但如果让他们自己吃饭，亲自去探究食物的话，他们自然而然就会将注意力集中到吃饭上来。但是，如果是妈妈喂的孩子就很容易对坐在那里等吃感到厌倦，很快就会去做其他的事情。即便是把桌子弄脏，即便是孩子并不熟练，我们也需要去鼓励他们。从进入添加辅食结束期开始，就至少有50％的食物是需要他们自己吃的。如果用勺子比较困难的话，可以放到碗里，让孩子用手抓着吃。大家可以发现胜雅的添加辅食结束期食谱中，很多食材都是切成薄片的形状，而不是切成小块。即使切成薄片，也不会对孩子的消化产生影响，而且当孩子开始练习使用叉子或勺子的时候，这种片状食物会更加上手，而不会像切成小块或者捣碎的食物一样容易舀出去。虽然也曾担心"食物是不是太大了？"，但只要熟透了，对孩子来说就不会有任何咀嚼方面的问题。

自己使用工具

从添加辅食后期，即9～10个月开始就需要进行使用勺子的练习了。如此一来，等到12个月的时候，孩子用杯喝水，用手或勺子吃饭从某种程度来说就会变成非常自然的事情了。当然，并不是说让孩子非常顺畅地将食物舀到嘴里吃，而是让他们模仿。

一般到7～8个月的时候就会进入添加辅食的中期阶段。此时让孩子用勺子吃饭是很困难的。因为在将食物送到嘴里之前，食物就已经全部流出去了。因此，在添加辅食中期的时候只需在吃饭的时候让孩子拿着勺子进行熟悉即可。在喂孩子间食的时候，可以尝试让孩子用叉子叉着食物吃。

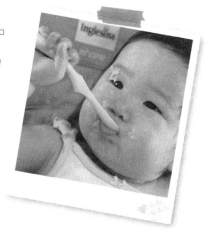

进入添加辅食后期的稀饭阶段，可以把稀饭盛到勺子里放到孩子面前。不停地进行练习，孩子就会习惯了。同时，还需要将餐具放到孩子面前，让他们进行盛饭的练习。

当进入添加辅食结束期，就需要进行正式的独自吃饭的练习了。

15个月的时候，孩子需要达到能够用勺子将饭送到嘴里吃的程度。当然在这过程中会出现食物流出的情况，明明刚开始吃得很好，可到后来就不好好吃了，由于厌烦而调皮的情况等。此时，妈妈们不要去责怪他们，或者马上收拾干净。因为这样会让孩子觉得自己犯了错误，开始畏手畏脚。那么就不会在自己吃饭方面有任何进展。

虽然当初为了让胜雅能够自己吃饭而努力地去练习用勺子和叉子，但还是不能使用地很顺畅。而且，如果让孩子自己只去挑那些喜欢吃的东西吃的话会很容易导致偏食，因此没能彻底放开让她自己吃。然而，由于一直都在进行这种独立吃饭的练习，因此不知不觉中地就开始独自饮食了。笔者总是说"15个月就需要能够独自吃饭了"，但其实胜雅到16个月左右的时候才能够用勺子非常顺畅地吃饭。

🍴 吃饭时总是会调皮的孩子

如果孩子在吃饭过程中总是发脾气，或者总是调皮捣蛋的话，最好还是不要让他们吃了。这是非常有效的原则。如果孩子不能集中精神吃饭，虽然很让人生气（千万别生气），但还是请大家笑着对孩子说："好吧，不想吃了吗？那就下顿的时候好好吃吧"。同时，到下顿饭之前，一定不要给孩子喂食水以外的其他食物。而且，水也不要给太多。一整天不喂都没有关系。我们经常会看到很多妈妈都坚持不了一天，不管什么，只要孩子吃就会喂给他们的情况。用间食来

代替饭，孩子因为吃间食吃饱了而继续拒绝吃饭。妈妈们可千万不要制造这种恶性循环。请大家等到孩子饿的时候再喂食。

手抓食物的优点

让孩子"自己吃饭"这件事实施起来要比想象的难很多。如果妈妈将食物弄到叉子上给孩子，那孩子只能是做到将弄好的食物送到嘴里这种程度。这样反复几次的话，孩子就会厌倦，进而会用手抓着吃。

但是，诱导孩子用手抓着吃以后，再让孩子使用餐具吃饭的话，会让孩子感到困惑。孩子经常会扔掉餐具，还是用手抓着吃。即使会出现这种情况，大家也不用担心，因为小孩子会自然而然地明白我们是需要用餐具吃饭的。妈妈只需让孩子明白自己的饭要自己吃即可。

手抓食物从添加辅食中期开始引入即可。为了能让孩子也能参与到吃饭这件事上来，没有比手抓食物更合适的东西了。当然了，虽然进入添加辅食后期和结束期以后，需要让孩子开始使用勺子和叉子等餐具吃饭，但手抓食物是促使孩子真正开始参与吃饭的非常好的媒介。

教会孩子用餐礼节

添加辅食结束期的饮食态度

添加辅食结束期的辅食是非常重要的。因为，此时需要将辅食由粥的形态过渡到新的形态，还需要完全按照成人的饮食习惯与方法来进行饮食。通过孩子的小餐桌，可以让孩子学会吃饭的方法，品尝到食物的味道。同时，还可以学会用餐礼节。

孩子可以通过餐桌来模仿大人的所有行为以及发生在餐桌上的所有事情。我们一定不要让孩子在吃饭的时候耍赖皮、玩手机，当全家人聚在一起的时候，要形成良好的氛围，要让孩子能够摄取多种小菜，不要让他们在吃饭的时候任意妄为，一定要教会他们正确的饮食习惯。

此时的小孩子会非常的固执。他们会向妈妈强烈地表达自己的意愿，如果不满足他们的意愿就会哭闹、耍赖。吃饭的时候一定不要和孩子讨价还价。用餐过程中如果孩子想离开座位到别的地方去玩儿的话，一定要停止喂食。绝对不能追着孩子到处喂食。也不要把饭桌放到放有动画片的电视机前。也不可以把孩子喜欢的书、手机视频等东西放到餐桌上来吸引孩子。初期和中期的时候，孩子能够老实待在餐桌前的时间会很短暂，但进入添加辅食后期及结束期以后，孩子能够集中精力吃饭的时间会有所增加。我们一定要坚信这一点，不要让孩子和我们谈条件。妈妈"喂食的态度"不正确，那么孩子的"吃饭的态度"也就不会正确。

使食物掉落的行为

孩子会在9~10个月的时候开始让食物掉落，这是非常自然的行为。原因与结果，即让他们掌握因果关系这一认知的过程。通过这种行为，孩子们会了解到放开的话会掉落（重力的发现），掉落的话会发出声音。如果妈妈把掉落的食物捡起来再喂给他们的话，他们就会效仿。甚至是通过妈妈将掉落的食物喂给他们这种行为，他们可以产生对妈妈的依赖与信任。尽管如此，笔者还是建议大家不要把掉落的食物捡起来再喂给孩子。因为孩子使食物掉落的地点是吃饭的椅子，掉落的时间是吃饭的时间如果孩子遇到把食物掉地上再捡起来尺就很不卫生了。

让食物掉落的行为是自然的行为，因此如果让孩子别这样做也是不合适的。我们需要告诉孩子的是，在吃饭的时候不要做出类似的行为。也就是说，我们需要让孩子知道，吃饭的时候要专心吃饭，不要调皮或期望一些不切实际的事情。那么，如果孩子在吃饭的时候使食物掉落的话我们该如果处理呢？以下内容大家可以参考。

1. 如果孩子吃饭过程中将食物弄掉，不要采取任何措施，放任不管。
2. 不要生气，也不要训斥孩子。

3. 不要把掉落的食物捡起来，也不要清理，就放到原地即可。

4. 如果孩子不能专注于吃饭，缠着我们把食物捡起来，也不要有任何反应。

5. 妈妈先吃，孩子等着妈妈喂。

6. 如果孩子太缠着自己以至于无法继续饮食的话，就让孩子离开餐桌（因为孩子此时处于更希望玩的状态，而对于吃饭和肚子饿并不是很关心）。

7. 如果孩子不能进食，或者只能吃几口的时候，可以稍微喂一点水来引起他们的注意。

🍴 小孩子的餐具选择

无论是烹饪用具还是餐具，不锈钢和陶瓷类用具会比塑料用品更为合适。在选择餐具的时候，与像玻璃或者砂锅类易碎的品种相比，我们更适合选择那些不易碎的、没有危险的品种。因为，如果使用砂锅类或玻璃类的餐具，我们总是会担心孩子会把器皿弄翻打碎，进而产生危险。与其和孩子说"不可以"这类的话，我们不如在发生事故之前就做好一切的防范措施。

大家通过后面的照片会发现，胜雅妈妈选择的餐具都是用砂制的、漂亮的。但这仅仅是为了拍照的效果，实际上在给胜雅的时候会选用其他的餐具。所以，大家不要误会哟。

餐桌上的礼仪

如果不吃的话就不要勉强。千万不要出现追着孩子说"再来一口""如果你吃一口的话，我就给你看好东西"等类似的情况。因为那样做就是"输给"了孩子。战胜孩子这种说法虽然有点奇怪，但不"输给"孩子其实是非常重要的。

　　妈妈作为引导孩子走正确道路的向导，应该具有条理性、连贯性。如果都按照孩子的意愿，让孩子牵着自己走的话，孩子就会利用这点为所欲为。虽然不是正确的路，却可以牵着妈妈按照自己所希望的那个方向走。一旦开始"输给"孩子，那就会一直被孩子牵着走了。并不是说一定要让所有的妈妈都成为严母，而是需要所有的妈妈都能教会孩子"对就是对""错就是错"。我们都要当贤明的父母。

　　如果孩子不想吃，那就放弃这顿饭。孩子也和我们成人一样，也会有没有胃口的时候。不要强制让孩子一勺一勺地吃，这样会使孩子对吃饭这件事情产生一定的否定情绪。因此，在造成这种情况出现之前一定要杜绝自己做出类似的行为。

　　在教会孩子餐桌礼仪的过程中，我们总是会不自觉地使用一些类似于"不行！""不对"等语言。但实际上，吃饭对于孩子来说应该是非常愉快的时间。如果总是让他们听到一些消极的词语，总是去训斥他们的话，是无法让孩子感到愉悦的。但也不是说对于错误的事情我们也要说"yes"，如果孩子出现错误的行为，我们先不要管，千万不要出现过度反应；当孩子做出值得我们表扬的行为，我们需要及时地表扬他们。如果孩子发出不想再吃的信号，我们只需干脆地说声"yes"。即便是离妈妈所定的标准差一点，但如果孩子不希望继续吃的话，我们也需要让孩子离开饭桌。孩子也有自己的饭量，也有不想吃的时候，因此我们不能一味地去让孩子满足妈妈的要求。

吃饭的空间

吃饭的空间需要固定。我们一定要让孩子在固定的空间里吃辅食。不仅是辅食，间食（水果、面包等）也是一样。而且，这个固定的场所最好与大人吃饭的场所一致。

不要把孩子的餐桌搬到卧室。尽量让孩子与大人在同一时间、同一场所用餐。但一般情况下，这种原则经常会由于孩子生病或妈妈以及抚养者的恻隐之心而打破。其实，即使是孩子不舒服，我们也需要坚持这个原则。没有必要因为生病的孩子不吃饭而追着他们非得让他们吃。千万不要忘记育儿的一条绝对原则，那就是"养育者的条理性、一贯性"。

🍴针对胜雅耍赖的应对方法

在"共同育儿"（比如说和婆婆、母亲或保姆一起看孩子）的过程中，一定会出现一个让孩子无视妈妈的话，而让他们做不好行为的溺爱者。即使非常希望孩子能够按照妈妈的想法来慢慢品尝美食，但如果主要抚养者不是妈妈的情况，或者是妈妈与外婆或奶奶一起抚养孩子时，孩子会经常出现漠视妈妈要求的情况。此种问题最常出现在孩子吃饭的时候。如果出现了影响孩子饮食习惯的溺爱者，就需要好好进行对话了。即便是说一些类似于"这样会更好；这要做会更利于孩子的成长；虽然现在能够看到孩子不喜欢对他们健康有利的食物的味道，甚至孩子会对这些味道有强烈的反应，但我也希望他们能够慢慢接受这些好的东西"。这样的话引起摩擦，我们也没有必要回避。如果沟通困难的话，可以和他们一起去进行婴幼儿检查，一起阅读有关育儿方面的书籍，一起倾听育儿专家的看法。

添加新的食材

在喂食孩子的时候，尤其是第一次给他们添加固体形态食物的时候，或者是添加新的食材时有一点是非常重要的，那就是一定要确认孩子是否有异常反应。当第一次喂食固体食物时，或者是品尝新食材的时候，孩子有可能会出现皮肤过敏、呕吐、腹泻等不良反应。因此，我们需要仔细观察孩子的状态，如果发现异常反应，相关食材需要在最少1个月以后才能重新进行尝试。可这并不意味着要中断辅食的食用，而是需要我们使用之前吃过没有异常反应的食材来制作辅食。在异常反应消失后，再给孩子添加其他新的食材。这种比较零散的进程在辅食进行的前半段是不会造成什么影响的，因此不用过度担忧。在烹饪的时候一定要让食材充分熟透，这样才能尽量避免过敏反应的出现。下表是添加新食材的时候我们可以参考的时间表。

初期	中期	后期	结束期
3~4天	3~4天	2~3天	无限制

新食材不要在下午的时候喂食，而需要在上午的时候喂食，因为我们需要观察孩子在活动时间是否有异常反应。

注意过敏

进入到添加辅食中期后，孩子对于食材的感觉会稍显迟钝。当然，如果不是特别的过敏体质，我们无须过于紧张。但是，我们还是需要继续坚持新食材添加的间隔时间。

虽然所有的食材都会成为出现问题的原因，但其中还是存在需要我们特别注意的品种。如果是非常容易出现过敏情况的孩子，掌握正确的过敏原（引发过敏的原因物质）是非常有帮助的，因此在进行过敏反应检查的时候，需要以下的食物为重点注意对象：

配方奶及牛奶，海鲜（金枪鱼、三文鱼、鳕鱼等），鸡蛋，甲壳类（大虾或龙虾等）
花生，果实坚果类（核桃、开心果、腰果等），小麦

如果不是搔痒、水肿、红斑的程度，如果演变为"过敏性反应"的话，问题就严重了。过敏性反应是由于过敏原而导致严重的全身反应，即便是单纯地显露就能够引发休克，因此需要我们尤为注意。虽然不像美国那么多，但是韩国还是存在这类患者的。

如果从添加辅食初期阶段通过仔细观察就没有特别的过敏反应的话，6个月以后，后者是进入到添加辅食中期以后，可以将食材的间隔时间控制在3～4天。以下内容是笔者对能够引发混乱的材料的一些看法。

蛋黄和蛋清

过去都是建议我们周岁以后再开始喂食鸡蛋，而且是先从蛋黄开始，然后再蛋清。这是因为蛋清中含有能够引发过敏的成分，但是根据最新研究表明，添加辅食初期就可能喂食蛋黄，如果没有异常反应，那么从下一阶段（1~2个月后）就可以喂食蛋清了。但需要注意的是，一定要让鸡蛋完全熟透再喂食，而且周岁以前最好是一周一次。周岁以前尽量不要让孩子摄入过多的胆固醇。

牛奶

鲜牛奶要过了周岁以后再开始喂食。虽然很多人从添加辅食中期就开始喂食奶酪和酸奶，但奶制品最好还是慢慢添加。进入到添加辅食后期或结束期以后，可以开始添加无盐奶酪和无糖酸奶（有关鲜牛奶的添加请参照45页）。

带核水果

孩子满6个月以后可以开始食用水果，我们一定要亲自将其搅碎再喂食。尽量不要给孩子喝市面上销售的果汁。葡萄和橘子尽量稍晚一些再开始喂食，但也不需要一定要有一个固定的时间。草莓和番茄等水果由于容易引起过敏，因此最好还是满周岁以后再开始，但如果没有什么异常反应的话也是可以喂食的。但是，如果非常担心的话，可以等到满周岁以后再开始（有关水果的添加请参照40页，果汁的添加请参照44页）。

蜂蜜

蜂蜜一定要满周岁以后再开始喂食。这是由于其中含有常被称为"肉毒杆菌"的肉毒杆菌毒素。如果体内侵入了肉毒杆菌菌群，就会导致免疫力下降，还会在胃酸低的婴儿胃肠道内繁殖。这种毒素对于孩子来说是有危险的，会导致神经或肌肉麻痹。

海鲜

白色肉的海鲜可以从添加辅食中期开始喂食，大虾或甲壳类如果没有什么异常反应的话也可以从添加辅食中期开始喂食。三文鱼、金枪鱼等大个头海鲜由于处于食物链的上层，有含有大量重金属的忧虑，因此尽量把喂食的时间往后拖。

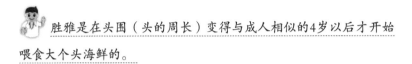 胜雅是在头围（头的周长）变得与成人相似的4岁以后才开始喂食大个头海鲜的。

坚果类，油

果类和油也是一样，如果没有什么异常反应的话，可以从添加辅食中期就开始喂食。但是坚果类有危险要素的存在，因此最好还是从添加辅食后期开始逐步进行尝试。即便是没有异常反应，在制作辅食的时候也最好不要使用过多的油。虽然孩子需要一定的脂肪，但如果过多摄取的话，也不是什么好事。而且也不建议让孩子过早地接触到像坚果和油这类醇香、能够引起食欲的味道。另外，即使孩子稍微大一些了，也不建议整颗喂食。因为存在"吸入"的危险（关于吸入的介绍请参照48页）。

粗面

用含有多种粉面的油茶面、禅食、生食来代替辅食是绝对不可以的。虽然周岁以后让孩子食用与成人一样的食物也没有什么大不了，但如果是容易过敏的孩子，还是需要多加注意的。

婴幼儿时期皮肤出现异常反应也不用过度担忧。一般5岁以前像牛奶、小麦、鸡蛋、豆类过敏等80%～90%都会消失。当然也有会伴随一生的过敏，尤其是坚果类和海产品过敏。

还有一些是满6个月以后必须要摄入的食物。像菠菜、胡萝卜、白菜、甜菜等。这些食物由于硝酸盐含量高，因此对于不满6个月的孩子来说会引发贫血。特别是如果放到冰箱保管的话，硝酸盐的含量会更高，因此满6个月以后才能添加，而且剩余的部分也不要放冰箱保管，可以用于成人菜的制作。

虽然专家们的见解有所不同，但笔者在喂食胜雅的过程中并没有把这件事情想得特别复杂。一方面胜雅没有过敏现象的出现，另一方面我也是觉得"吃了没有问题的话就可以大胆喂食"。此外，即便是让孩子晚接触辅食，也会诱发过敏现象的出现。在笔者还是实习医生的时候认为周岁以前的孩子是不能吃鸡蛋的。但现在建议大家满6个月以后，如果对蛋黄没有异常反应的话，就可以直接尝试蛋清。如果您是参考过去的有关辅食的书籍进行操作的话，希望大家能够在食材方面进行一次性的更新。现代医学是统计和调查的产物。与2008年相比，2014年的材料和成果更多，这些都是基础材料，因此还是认为跟着最新的理论进行是正确的。

🍴 拒绝辅食而无法验证是否过敏的情况

一旦开始喂食辅食，我们都不希望出现因孩子拒绝辅食而导致中断辅食的情况出现。如果不是孩子出现过敏反应的话，就更不希望如此了。如果孩子出现拒绝辅食的情况，我们就需要掌握确切的原因，是因为某种食材，还是单纯地就是拒绝吃辅食，抑或是因为坐在餐桌前的时间过长。

在喂食辅食的过程中，我们不能因为孩子的拒绝而停止几天。这样会破坏掉时间表，而且还不利于新食材的添加，进而会引发更为严重的拒绝反应。而且，对于每个阶段所添加的新蔬菜我们都需要进行过敏观察，如果只是单纯地拒绝辅食，那建议大家不要中断，还是反复地尝试。如果还是拒绝的话可以将这种食材放到以后再喂食。没有必要一定让孩子吃某种食物。虽然有时也会因为孩子的拒绝，或者是对于某种食材出现了过敏反应而中断辅食，但还是建议大家可以换种食材进行尝试，以保证辅食的连贯性。

孩子厌食怎么办

原本很爱吃辅食孩子为什么会突然拒绝呢？原因有如下四种：

1. 不舒服。
2. 身体有变化。
3. 好奇的事情变多了，随着想要碰触的东西变多，以及希望能够到处看看，因此开始反感总是坐在一处。（9～10月开始）
4. 原本就不想吃。

我们很容易就会联想到一两个原因。过了这段时期就会变好，因此不要过于担忧。然而，如果是第三个原因，当孩子开始爬或开始走，他们想做的事情就会变得很多。如果让他们在一个地方坐上20～30分钟就如同被拷问一般。孩子能够坐在饭桌前集中精力吃饭的时间也就5分钟左右。此时如果追着孩子到处跑，喂他们吃饭是不可以的。也不能让他们坐在电视或手机前面吃饭。育儿就像是场长期战役，我们不能因为这特殊的几天让孩子吃好而放弃所有的原则。

当孩子开始不吃辅食的时候，妈妈们的想法都是不同的。"是因为勺子的原因吗？""难道是因为辅食的颗粒太大了？""喂食的时间不对？"，当

然，这些疑问都可以是原因。我们可以从多种角度进行印证。虽然也会出现错觉或犹豫，但还是需要通过这样做来找出原因。

让餐桌充满乐趣

如果硬让拒绝吃饭的孩子坐到餐椅上，会使孩子一坐到椅子上就会哭，或者一看到椅子就会哭。最终给孩子造成一定的心理阴影，只要坐到椅子上就会出现"非让我做自己不喜欢的事情"，"妈妈非让我做我自己不喜欢的事情"的想法。此时，我们需要让餐桌充满乐趣。因为此时的孩子是很容易对事物失去兴趣的。让他们手里拿个他们喜欢的玩偶，或者是给他们唱首歌，抑或是和他们聊一些他们感兴趣的话题。

当初为了能让胜雅老老实实地坐到饭桌前吃饭可以说是煞费苦心。拨浪鼓、玩偶，凡是她感兴趣的东西都曾尝试过。拨浪鼓可以暂时引起她的兴致，手里握着玩偶，或者把玩偶粘到饭桌上等都可以尝试。但是，对于仅能坐在一个地方几分钟的9个月的孩子来说，真的是没有什么好的方法。但有一点可以确信，随着他们的成长，不知不觉就会开始享受，并能够积极参与到吃饭的这件事情上来。不要向艰难的时期妥协，妈妈们需要用自己独特的方法来度过那段难熬的时间。

由于孩子还不是能够"说服"的年龄，因此还是非常有必要让孩子能够对餐桌有肯定的认识。但是一旦开始用餐，就需要我们悄悄地将用于引导他们的玩偶、玩具、书等东西收起来。因为吃饭的时候就需要让他们只专注于吃饭这件事。这些东西只是用来让孩子对坐下来吃饭这件事情感到有兴趣的。

积极喂食手抓食物

孩子也有可能对喂食这种形式感到厌烦。此时的孩子是最具自由性的。因为他们希望自己用手做所有的事情，因此经常会对妈妈喂食这种形式感到厌烦。因此，餐桌上可以同时赋予孩子按照自己的意愿做一件事情，以及按照他人的意愿做一件事情。可以让妈妈喂自己吃一些食物，同时也可以自己用手抓一些眼前的食物吃。每当有可以手抓的食物（丸子或煎肉饼等），胜雅都会非常开心，也就很愿意吃饭了。大家可以从满9个月开始，让孩子用勺子或叉子自己吃。

休息一下

如果孩子很闹的话，可以在用餐过程中让孩子离开餐桌休息一会。但次数仅限于1次。对于哭闹的孩子来说，是不可能继续喂食的。继续喂食反而只能更加强化他们的负面记忆。但休息多了没有更大的意义，因此只限制在1次。需要切记的是，不要把他们带到其他地方，因为我们需要让他们记住现在是用餐时间，因此就在餐桌附近领他们玩一会即可。而且休息的时间不宜过长。

中断进餐

有时也会出现休息过后坐到餐桌上还是会哭闹、不吃饭的情况。此时就需要中断进餐了。餐桌上的战争有八成都是始于妈妈的期待与贪心。孩子饿的会自然就会吃饭。如果早餐吃得少，这期间就不要给他们间食了。这样午餐才能好好吃。如果午餐吃得也不好的话，那么即使孩子再怎么耍赖，也请大家在晚餐之前不要给他们任何食物。这样他们就会好好吃晚饭了。孩子不吃饭的情

况大家可以坚持一整天。但是也有一些妈妈虽然决心"不喂孩子"，但还是会给他们准备间食。但其实连间食都不应该给他们。也就是说饭要按顿吃，如果孩子不想吃就不要让他们吃。每顿饭的时间控制在20～30分钟。

✓	✗
饭前可以用玩偶或拨浪鼓引发孩子的兴趣	用餐过程中不要与孩子玩儿需要过度集中精力的游戏，也不要让他们看一些电视或视频
孩子哭得很严重可以暂时中断饮食，然后再重新开始	哭的时候不要硬把食物往孩子嘴里塞，因为有"吸入"的危险
请在孩子自己张开嘴的时候再把饭放入孩子嘴里	不要趁孩子张嘴的时候突然往他们嘴里放东西
可以多做一些手抓食物（煎肉饼、鱼丸等）小菜）	吃间食（饼干、地瓜、奶酪等）的时候不要给他们手抓食物。这样孩子会想吃自己更希望吃的东西
如果不能按顿吃就不要给他们吃间食	不要因为他们不吃饭而担心，进而喂他们间食
要让他们在自己的餐椅上吃饭。如果不能在固定的位置吃饭，就没有必要尝试其他方法了	不要因为拒绝坐在餐桌前吃饭，而追着他们到处喂食
要经常让孩子在愉快的氛围下与全家人一起吃饭。如果条件不允许的话，也要尽量在早餐或晚餐时大家一起吃	孩子要在用餐的时间吃饭，妈妈不要等孩子睡了才悄悄地用餐。这对孩子绝对起不到积极作用
要经常在固定的时间（添加辅食后期开始一定要按照早—中—晚）喂食	不要错过一顿辅食，也不要因为害怕孩子肚子饿而随时都给他们吃的。
满10个月以后可以将食物盛在不易破碎的餐具里，并让他们用勺子或叉子用餐。要让他们开始习惯使用餐具	满10个月以后要诱导他们使用勺子，15个月开始要让他们自己吃，不要再喂食了
要协助他们自主用餐。孩子在吃手抓食物或用餐具用餐的时候，即使周围弄得很脏乱，也暂时不要收拾	不要因为弄脏了而中途给他们擦拭或整理。现在孩子弄脏的行为绝对不是坏行为。这是孩子正在学习的表现

不同时期的问答

初期辅食

不是一定要吃辅食

有人说没必要一定要喂食辅食，还有人认为满周岁以后再添加辅食即可。笔者认为这些都是不切实际的想法。辅食阶段是孩子适应固态食物的过程，也是应该开始吃饭的合理时期。仅凭母乳或配方奶中所含有的铁和其他营养元素是不能满足孩子成长所需的。6个月以后所需的铁含量会有所增加，因此单纯的母乳和配方奶更是无法满足孩子所需。此外，辅食阶段也是孩子成长和发育过程的一部分，因此辅食必须要进行的。孩子在感受食物口感和咀嚼的过程中找到自己喜欢吃的食物，实现自己的成长发育。

关注孩子的饮食量

笔者也是按照客观的指标来写出每种食材的使用量的，因此大家无需对此太过关注。因为没有哪个专家可以对此妄下断言。刚开始给孩子添加食物的时候慢慢增加一些概念是提高的关键。不要只关注孩子吃了几勺，不断鼓励孩子，向孩子添加不同的食物是妈妈的责任。与摄入量相比，更重要的是孩子能够自觉接受，没有任何拒绝的意思。

不清楚粪便的变化是否正常

开始添加辅食以后能够感到的最大变化就是粪便。正常的粪便一般是每天1～2次，而且会很顺畅。每天3～4次，或者有点黏或硬也没有什么问题。每个孩子都有一定的差别。粪便的情况会根据辅食的材料食用量、纤维质的多少以及浓度的不同而发生相应的改变。如果孩子出现便秘的情况，首先可以通过食物来增加纤维质的摄入量，同时补充水分，大家可以喂食一些富含纤维质和山梨糖醇的蔬菜和水果。如果这样也没有效果的话，最好去儿科医院去接受一些药物治疗。大部分的妈妈都把便秘想得很简单，认为通过饮食来调节即可，但其实并不是这样。如果出现两周以上的便秘症状，食物调节也没有效果的话，就一定要去医院进行相应的治疗了。

孩子腹泻时需要停止辅食吗

果孩子每天拉4～5次，但不是腹泻的情况即可视为正常。这是因为孩子的肠道运动很活跃而出现的情况。孩子在吃入食物后，结肠反射会促进肠蠕动。如果成长发育好的话就无须担忧。没有必要因为腹泻和排便较稀就对吃食进行大的改变。肠炎的情况也一样，也还是最好恢复到原来的辅食。也有人会建议停止辅食，或者只喂些米糊或配方奶等，但这样会导致孩子营养不良，从长远角度来看，还会延缓肠炎的恢复。当然，如果孩子腹泻的量很多，我们也需要根据孩子的实际表现来调节饮食，但尽量还是不要对饮食进行大的变动。只对水果和油大的食物进行限制即可。如果孩子将食物原封不动地拉出来的话，那么在烹饪过程中就需要增加烹饪时间，让食物充分熟透。因为现在孩子的咀嚼能力和消化能力还不是很完善。

中期辅食

食材原封不动地拉了出来

很多妈妈都会因为看到食材原封不动地被孩子拉出来而感到不安。因为都在担心孩子是不是消化不好。尤其是蔬菜，如果喂食了菠菜、小白菜、乌塌菜等更是如此。其实并不是不吸收，而是一部分吸收了，一部分被排泄了出来。如果不是这种情况，就是蔬菜完全被排了出来，那就需要我们注意了。我们可以在制作的时候减小颗粒的大小，或者是延长制作的时间来让食材完全熟透。

孩子不能把辅食全部吃掉的时候就说明无法达到牛肉摄入量的要求

制作辅食时所需要的牛肉量是有一定限定的（请参照32页）。虽然应该引导孩子吃完所规定的用量，但这并不是一件容易的事情。我们先尽量引导孩子将辅食全部吃完，如果很困难的话，我们可以在制作过程中增加牛肉的量。母乳喂养的孩子会比配方奶喂养的孩子更容易出现缺铁的问题，因此一定要多加关注。

颗粒大小需要增加，可孩子却不嚼

咀嚼也是需要练习的。胜雅也是从吃米饼开始练习咀嚼的，可以通过水果干，或者是像入口即化的米饼之类的手抓食物来进行训练。或者也可以参考本书中所介绍的一些间食食谱，来引起孩子的兴趣。孩子自然而然就会开始主动咀嚼了。如果颗粒增大的话，则需要保证食材完全熟透。

辅食吃得很好，但开始拒绝配方奶

进入添加辅食中期为止，配方奶（或母乳）并不是辅食，而是主食。开始食入辅食以后，配方奶喂养的孩子要比母乳喂养的孩子更容易出现拒绝配方奶

的情况。在添加辅食中期之前，辅食和配方奶都是间隔喂的，但如果出现拒绝配方奶的情况，可以先喂配方奶，后喂辅食。相反，如果拒绝辅食的话，可以先喂辅食，后喂配方奶。如果还是行不通的话，大家可以观察一阵，因为这是开始接触新食物所引发的自然现象。

孩子的辅食进行得很顺利，是否可以加快步伐呢

答案是不可以。虽然会比较麻烦，但我们还是需要按照添加辅食初期的时候10倍粥，添加辅食中期的5倍粥，后期的稀饭这个顺序来有条不紊地向前推进。很多人会在添加辅食中期的时候就喂食稀饭或者是饭，这样会导致便秘和消化不良，因此一定要注意。

孩子不太喜欢吃，加些调料不可以吗

添加食盐、酱油、糖等调料来调味的事情尽可能往后拖。一定要拖到无法再拖的时候。尤其是坚决不建议让不满周岁的孩子就开始接触刺激性的味道。

后期辅食

应该如何喂食

进入到后期辅食以后，真的就是一天的时间都在吃饭。制作的过程和喂食的过程对妈妈们来说是一个非常艰难的过程。

胜雅当时的情况是，每天早上6点起床哺乳，8点吃倍粥和早餐。9点至9点半之间睡上午觉，10点起床吃间食。12点第二次哺乳，紧接着是吃辅食，此时

是倍粥和午餐。吃完之后玩耍，3点至3点半左右睡午觉，4点起床吃午后间食，此时有时候会哺乳，有时候会省略。6点至6点半左右喂倍粥和晚餐，并进行最后一次哺乳。这样，每天的哺乳次数减少到3次，包括间食在内的吃饭次数是5次。要慢慢调整为以午饭为主的生活习惯。

一般情况下会建议大家在添加辅食中期的时候哺乳与辅食一起进行，而添加辅食后期的时候哺乳与辅食也可分开进行。实际操作以后认为后期的时候最好也一起进行。但是，并不是说让大家先哺乳后喂辅食，而是说可以先喂食辅食，而母乳（或配方奶）只是为了让孩子在吃完辅食以后填肚子用的。

需要喂食多少呢

进入到添加辅食后期阶段，即9~11个月这一期间，全部热量的60%是来自于母乳或配方奶的，而40%来自于辅食或间食。此时母乳或配方奶的摄入量应为600毫升以上。配方奶喂养的孩子也是一样，先喂食辅食，然后用配方奶进行填充，这样就会慢慢引导孩子主食以饭为主了。

颗粒大小如何增加

所有事情都是急不来的，我们需要慢慢进行。没有必要因为孩子辅食进展的很顺利而加快步伐，也没有必要因为孩子的拒绝而导致进展缓慢而焦急。但是，由于已经进入添加辅食后期阶段了，因此不建议大家还是将蔬菜或肉类搅碎或者是切成小碎块。相反，也不建议大家在进入到添加辅食中期或后期的时候就给孩子喂食成人吃的米饭，因为这样会导致孩子以后会更加拒绝辅食。此外，当孩子不想吃的时候，也不建议大家用调料来进行调节，而是先确定一下是不是因为饭太稀而使孩子有饱胀感，或是孩子坐的椅子不舒服，抑或是喂食的方法存在问题。

❚❚ 一定需要特餐吗

虽然会给妈妈们带来一定的负担，但从添加辅食后期开始能够给孩子提供一定的特餐是非常有意义的事情。因为孩子不仅仅是用嘴来吃饭，他们还会通过眼睛看、手摸的方式来接触食物。当孩子不愿意吃辅食的时候，或者是没有胃口的时候可以提供给孩子。

结束期辅食

一定要喂饭吗

当进入添加辅食结束期的时候一般会出现这个问题："一定需要喂饭吗？"其实不喂饭也是可以的，我们只需要让孩子接触到五大食品群即可。此时期的辅食是以主食为主，偶尔也可以给孩子提供一些面包和含有肉类的食物。然而一定要以饭为主的原因是，孩子养成饭菜一起吃的饮食习惯，无论是进幼儿园，还是学校，抑或是开始社会生活都会持续下去的。一定要好好计划食品群（蛋白质、碳水化合物、脂肪、无机质、维生素）来制定孩子的食谱，这样才能在营养层面保证孩子的正常成长。

饭和菜要分开提供吗

现阶段已经不需要提供"粥"类的辅食了，需要提供真正的食物和小菜了。添加辅食结束期是辅食真正结束的时期。添加辅食结束期辅食的基本是提供给孩子食物需要与成人食用的食物口感相似，要更好消化，而且还不能添加作料。现在孩子的餐桌上需要有干饭和小菜了，小菜的数量不需要很多，2~3道小菜与饭一起提供给孩子即可。

一定要准备间食吗

进入到添加结束期以后，母乳或者是配方奶基本上是已经完全忌掉，或者是减少很多。如果孩子开始走路，那么由于活动多了，需要的热量也会随之增加，因此在正常吃饭的中途会找间食吃的。此时可以将水果、面包、烤地瓜、南瓜等食物与配方奶一起提供给孩子。重要的是，间食并不是必须提供的。没有必要每天都提供好几次，只需根据孩子的实际

情况来决定。如果吃了间食就不愿意吃饭的话，就需要把间食停掉。如果单凭主食还不够充足的话，那就需要提供间食了。但是不能无计划地随便乱提供。即便是已经满周岁了，还很多人会给孩子买一些已经没有必要的食物，过早地让孩子接触到果冻、糖果（因为会有"吸入"的危险，因此是非常危险的）、巧克力、焦糖等食物是没有任何好处的，我们需要提供给孩子的是有营养的间食。一定要切记，无论是哪种食物，不能因为孩子哭闹、耍赖就提供给他们。

不能给孩子生的食物吗

新鲜的蔬菜、水果、坚果类生吃的话是有利于我们的身体的。但是对于孩子们来说，过于坚硬的水果和坚果类食物却是相当危险的。因为前面也曾提到过，会有"吸入"的危险。给孩子喂食生海鲜或者没有熟透的肉类也是很危险的。给孩子提供食物的时候，最重要的不是食物的味道，而是食物对孩子的安全性。经常会在诊所听一些家长问"像泡菜、酱汤、生鱼片等食物从什么时候可以喂食呢？"，这虽然是一个选择题，但是，相类似的这种刺激性的食物或者是生的食物还是越晚喂食越好。像没有什么咸淡味的白泡菜虽然可以在可以添加作料的时候喂食，但是像酱蟹这种又咸又生的食物，或者是像生鱼片这种完全的生食还是不能喂食的。

一定要按三顿饭来喂食吗

虽然不知道是否有人会问"一定要按三顿饭来喂食吗？"，但是笔者还是建议大家一定要按三顿饭来喂食。一定要按照早餐、午餐、晚餐这三餐来给孩子准备正规的食物。这里所谓的"正规的"不是说要给孩子准备好几碟小菜，而是说不能用间食或者是水果来代替饭。

体重不增加

进入到添加辅食结束期以后，当孩子满周岁的话体重增长的趋势会有所下降。光长个子不长体重会让孩子看起来很瘦。由于周岁以前孩子的体重增长很明显，因此很有很多人看到这种体重不怎么增加的情况会有所担忧，但其实是没有必要的。大家只需要记住，到上小学时体重能长20千克就可以。

🍴 小心厨房的安全事故

进入到添加辅食结束期的孩子会经常出入厨房。不仅仅是为了吃，他们会随时进来拉开橱柜的抽屉，或者跑到净水机前面要水喝。此时我们需要绝对小心的就是安全事故。因为有可能会因为妈妈的不小心而对孩子造成致命的伤害。净水机绝对不能放在孩子的手能够到的地方，橱柜门附近绝对不能放置一些易碎的玻璃器皿等餐具。很热的汤水一定要在不太热的情况下再放到孩子的小餐桌上。因为烫伤是能够致命的。锋利的东西（叉子、刀等）也绝对不能放在孩子能够到的地方。孩子的安全事故随时都有可能发生。另外，跌伤也是我们需要注意的安全事故之一。孩子经常会从餐椅上起来，因此绝对不能让他们单独用餐。我们要切记，"瞬间"就有可能发生安全事故。

特殊时期辅食推荐

感冒的时候

一定要给孩子提供水分充足的软食。孩子不舒服的话会不愿意吃东西，吞咽也存在困难。但不要只做白粥，也不要让他们饿到。可以使用平时选用的食材，但是需要做得柔软一些，也不要因为孩子不舒服而调整颗粒大小。

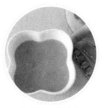
南瓜豌豆牛肉糊
（181页）

小白菜梨牛肉粥
（187页）

糯米梨牛肉粥
（245页）

便秘的时候

便秘的时候推荐的食物有水分（水）、水果、根菜、杂粮。这些食物中的纤维质富含水分，有助于肠运动。水果里的山梨糖醇也有助于缓解便秘。这类食材的代表有苹果、梨、桃子、熟透的香蕉等水果。玉米也是有利于缓解便秘和利尿的食物。

❚❚ 有利于缓解便秘的食物

1. 富含纤维质的食物（地瓜、南瓜、卷心菜、洋莴苣等）

2. 富含水分的食物（果汁类）

3. 含有山梨糖醇和果胶的食物（水果）

通便的辅食

南瓜卷心菜牛肉粥
（209页）

南瓜西蓝花卷心菜牛肉粥
（209页）

菠菜地瓜牛肉粥
（211页）

玉米西蓝花牛肉粥
（213页）

洋葱西蓝花牛肉粥
（218页）

空心菜胡萝卜洋葱牛肉粥
（221页）

燕麦牛肉牛奶粥
（230页）

红灯笼椒地瓜牛肉粥
（233页）

红灯笼椒西葫芦牛肉粥
（233页）

菠菜紫甘蓝鸡肉粥
（236页）

酪梨甜菜牛肉稀饭
（278页）

番茄地瓜牛肉稀饭
（289页）

萝卜豆芽蟹肉稀饭
（295页）

牛肉丸子羹
（302页）

白菜卷奶酪汁
（306页）

白菜萝卜牛肉稀饭
（311页）

南瓜洋葱牛肉稀饭
（313页）

金针菇白菜西蓝花鸡肉稀饭
（315页）

萝卜地瓜牛肉稀饭
（319页）

甜菜西蓝花鸡肉稀饭
（321页）

通便的果汁和奶昔

香蕉苹果酸奶奶昔
（416页）

甜柿子酸奶奶昔
（416页）

甜瓜酸奶奶昔
（417页）

奇异果酸奶奶昔
（417页）

核桃香蕉奶昔
（420页）

甜瓜黄瓜果汁
（420页）

苹果卷心菜胡萝卜汁
（421页）

甜菜苹果汁
（421页）

便利的间食

地瓜苹果泥
(250页)

地瓜泥
(250页)

豌豆泥
(251页)

南瓜香蕉苹果泥
(252页)

地瓜李子干泥
(254页)

南瓜李子干泥
(254页)

南瓜大枣泥
(255页)

地瓜苹果蒸糕
(258页)

南瓜酪梨苹果蒸糕
(259页)

地瓜饼干
(264页)

三色地瓜团子
(266页)

栗子凉粉
(267页)

南瓜慕斯蛋糕
(401页)

酸奶杞果冻
(404页)

橙子冻
(405页)

地瓜奶酪浓汤
(409页)

番茄酪梨卤汁
(412页)

蔬菜冷汤
(413页)

南瓜羊羹
(413页)

杞果酪梨沙拉
(415页)

甜柿子是典型的可以制止腹泻的食物。富含维生素C的甜柿子中所具有的果胶能够阻止腹泻。栗子作为富含营养成分的食材在身体恢复方面有奇效。莲藕也有利于缓解腹泻。出现腹泻的时候一般都中断喂食，或者只做一些白粥，但笔者并不推荐白粥。关键是补充电解质和水分，可以给孩子做一些和平时一样含有肉类和蔬菜的粥或者是饭。但是，油腻的食物和水果类需要暂时禁止。

🍴 有利于缓解腹泻的食物

1. 水分多的食物（脱水矫正）

2. 蔬菜、肉类（蛋白质）平衡摄取

🍴 腹泻时需要避开的食物

水果等甜食以及油腻的食物，还有冷食都需要避开

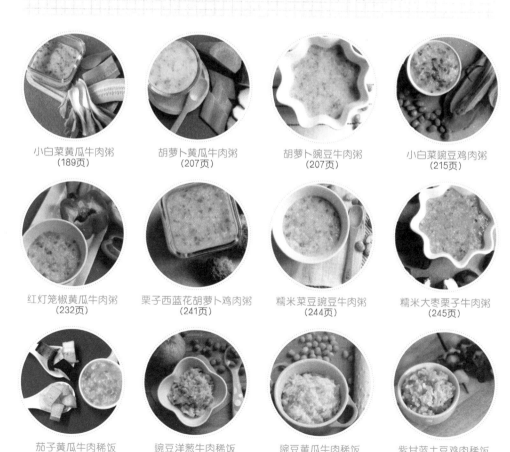

小白菜黄瓜牛肉粥
（189页）

胡萝卜黄瓜牛肉粥
（207页）

胡萝卜豌豆牛肉粥
（207页）

小白菜豌豆鸡肉粥
（215页）

红灯笼椒黄瓜牛肉粥
（232页）

栗子西蓝花胡萝卜鸡肉粥
（241页）

糯米菜豆豌豆牛肉粥
（244页）

糯米大枣栗子牛肉粥
（245页）

茄子黄瓜牛肉稀饭
（273页）

豌豆洋葱牛肉稀饭
（275页）

豌豆黄瓜牛肉稀饭
（275页）

紫甘蓝土豆鸡肉稀饭
（277页）

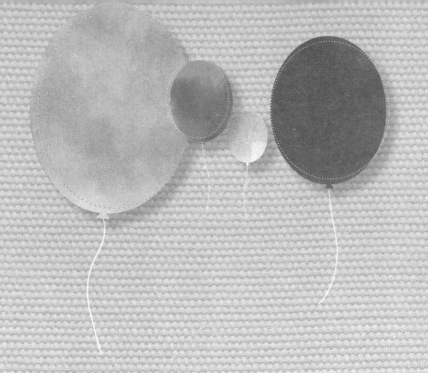

妈妈忠告

——制作食谱中的辅食请使用新鲜的牛肉或鸡肉。

——如果对文中出现的材料的处理方法有疑问请参考"妈妈的辅食杂记"中的"常用材料处理方法"一节。

——一般需要去皮后使用的材料（黄瓜、甜菜、土豆、地瓜、苹果、梨等）如果没有标明一定要去皮，请确认过程图片中的材料有无去皮。

——材料部分已经标明的用量，是指最终料理过程中的使用量。比如：南瓜50克是指已经去皮后的南瓜50克。

——牛肉和鸡肉煮熟后所需的颗粒大小，请参考"爸爸做辅食"中的"不同时期的颗粒大小"一节，根据不同时期来调整颗粒的大小。

跟做辅食

常用食材处理方法

大米

大米是会出现过敏反应极小的食材之一，是最适合从添加辅食初期就开始使用的食材。

糯米

糯米有助于消化。可以将大米以外的谷物（糙米、糯米等）可间隔尝试使用。添加辅食初期时需要用搅拌将糯米搅碎后使用。

大麦

有利于缓解便秘的大麦与大米相比食物纤维的含量高。在加入到辅食的时候，不需要全部使用大麦，可以让大米和大麦的比例控制为2：1。

黑米

黑米中含有可以扼制诱发老化和疾病的活性氧的被称为花色素苷的成分，其含量是黑豆的4倍。有利于身体的各种无机盐含量是大米的5倍以上。黑米没有大米好消化，因此经常会原封不动地被孩子拉出来。稍微磨一下，然后按照与大米1：1的比率混在一起使用。

糙米

选用糙米来制作辅食的时候，最好不要100%使用糙米，而是在大米中混入1/3左右的糙米即可。因为糙米不利于孩子消化，因此很有可能会被完整地排泄出来。在做稀饭的时候，大米可以使用整颗的，而糙米则需要稍微磨一下再使用。

牛肉

牛肉是为了给孩子补充铁质而必需的一种非常重要的食材。辅食中所选用的牛肉最好是少油的里脊部位。虽然我们经常会使用那种包装好的"辅食用肉馅"，但我们一般情况下很难分辨出是用哪个部位搅成的，因此很有可能会出现混入很多脂肪的情况。所以最好还是买来肉块自己剁。

[处理方法]
1. 准备好肉块。
2. 去除牛肉的脂肪和筋后煮熟，然后根据孩子所处的不同时期来处理成不同的颗粒大小。

鸡肉

鸡肉也是从添加辅食初期就可以使用的一种食材。但最好还是以牛肉为主，偶尔用鸡肉替代。如果进入到添加辅食后期的话，可以按照两顿牛肉、一顿鸡肉的顺序进行添加。鸡肉最好使用去皮去筋的里脊部分。如果是选用鸡腿部位的话，最好是只使用瘦肉部分。

[处理方法]
1. 准备好鸡肉块后去皮去筋。
2. 将处理好的鸡肉块煮熟后根据孩子所处的不同时期来处理成不同的颗粒大小。

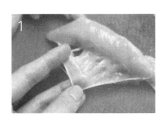 

猪肉

猪肉是在进入添加辅食后期的时候尝试使用的。虽然说牛肉和鸡肉是为了让孩子摄取"铁质"而更应该选用的食材，但这并不代表添加辅食初期的时候不能使用猪肉。虽然没有一定不能使用的理由，但是牛肉能够提供更加优质的蛋白质和铁质。总之，我是在进入了添加辅食后期的时候才用猪肉与牛肉一起制成煎肉饼、包子、盖饭等辅食。选用的部位与牛肉一样，需要使用油少的里脊部位。前腿肉、后腿肉、里脊等部位都是脂肪含量少的部位，因此都适合使用。

[处理方法]
1. 准备好肉块以后去皮、去筋、去肥肉。
2. 按照食谱的需要进行处理。

西蓝花

西蓝花是富含维生素C、β –胡萝卜素碳水化合物等非常优质的食材。蒸熟之后再使用能够尽量少的破坏营养成分。但是，西蓝花的茎部纤维质含量高，不利于消化，因此添加辅食初中期的时候只能使用花部。进入到添加辅食后期以后可以混入一些茎部一起制作。

[处理方法]
1. 将西蓝花放到撒有发酵苏打的水中浸泡3～5分钟后用流动的水冲洗干净。
2. 用沸水稍微焯一下。

卷心菜

卷心菜需要选用筋不是很粗的部分。卷心菜最先腐烂的是筋部，因此在保存的时候也需要将去筋的叶部单独包起来保存。由于筋部比较硬，因此只需要选用叶部。

[处理方法]
1. 去除卷心菜的筋部，只选用叶部。
2. 用沸水稍微焯一下后再使用。

西葫芦

西葫芦富含纤维质、维生素、矿物质。西葫芦的甜味可以引发孩子的食欲，因此是一种非常适合从添加辅食初期就可以使用的食材。西葫芦需要选用表皮和内部都不干的新鲜货。西葫芦的两端比较硬，因此需要切掉，只需选用瓜身部分。添加辅食初、中期的时候需要去皮后使用，进入到添加辅食后期以后，可以带皮使用。

[处理方法]
1. 将西葫芦抹上发酵苏打，去皮后用流动的水洗净。
2. 去除西葫芦的两端，只取用瓜身部分。

豌豆

与豌豆罐头和单独

的豌豆豆相比，最好还是买入带皮的豌豆回来处理使用。豌豆是4~5月播种，6月的时候收获，因此应季的豌豆会更加新鲜美味。过季之后会比较难买到，因此可以应季的时候购买后放入冷冻室保存。添加辅食初、中、后期均有卡住的危险，因此一定要去皮使用。生豆去皮是非常困难和烦琐的，因此可以煮熟以后再去皮，或者是泡胀之后再去皮。由于有"吸入"的危险，因此不能整颗喂食。一定要根据孩子所处的不同阶段来处理为合适的大小后再制作。由于豌豆中含有少量的氰酸，因此每天的摄入量最好不要超过40克。它还含有有助于大脑活动的B族维生素$_1$，因此适量的豌豆对于成长期的孩子来说是非常好的。

[处理方法]
1. 用沸水煮熟后再用流动的水洗净。
2. 去皮后使用。

黄瓜

添加辅食初、中期的时候，没有必要过度担忧过敏而一定要去籽食用。只需要去皮后使用即可。硬硬的表皮在添加辅食结束期之前一般都会去掉。添加辅食初期的时候黄瓜用擦板擦，添加辅食中后期的时候可以处理成适当的颗粒大小。黄瓜是富含维生素C的碱性食物，因此有利于身体，但是也有很多人即使是成人也会由于它特殊的香味而拒绝食用。因此，为了能够让孩子适应它的味道，经常会用于孩子的辅食中。

1. 撒上发酵苏打后在流动的水下揉搓。
2. 去皮后使用。

乌塌菜

经常被称为"维生素"的乌塌菜也被称为"塌菜"，经常用于饭包。乌塌菜富含水分和维生素A，而且由于它还是富含铁、钙等营养成分的绿黄色蔬菜，因此非常适用于添加辅食初期的辅食。茎部对于孩子来说比较硬，因此只需选用叶部。像乌塌菜这类的叶菜都需要用沸水稍微焯一下之后再使用。如果将焯好的叶菜直接切的话会很容易混入大块的叶子，因此请大家在焯好以后将叶子展开后再切。乌塌菜是一整年都很容易很买到的蔬菜之一。

[处理方法]
1. 放置到撒有发酵苏打的水中浸泡3~5分钟后用流动的水洗净备用。
2. 只取叶部用沸水稍微焯一下后使用。

小白菜

小白菜是很容易就能买到的蔬菜之一。小白菜中富含烟酸，因此又被称为天然强身剂。同时，它还富含钙，因此是非常好的辅食食材。

[处理方法]
1. 取小白菜叶用流动的水洗净。
2. 用沸水稍微焯一下后使用。

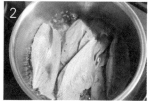

花椰菜

如果食入100克花椰菜就可以满足一天所需要的维生素C。这说明花椰菜富含丰富维生素。当然，除了维生素以外，其食物纤维的含量也高于卷心菜和白菜。添加辅食初、中、期的时候只需要选用花部，添加辅食后期以后可以连茎部一起使用。它比西蓝花会更为柔软一下，因此非常适用于辅食。

1. 在撒有发酵苏打
的水里浸泡3～5分钟
后用流动的水洗净。
2. 只取花部用沸水
稍微焯一下后使用。

韭菜

韭菜中富含维生素A、B族维生素、维生素C以及胡萝卜素和纤维素等成分。刚开始将韭菜加入辅食的时候会由于它的叶子比较宽，因此对于孩子来说多少会有点负担。因此可以选用嫩韭菜。韭菜加入到辅食中会让辅食更香。

[处理方法]
1. 在撒有发酵苏打的
水里浸泡3～5分钟。
2. 用流动的水洗净后
再使用。

红灯笼椒

红灯笼椒生吃的话会有些许的甜味和辣味，能够散发出像黄瓜般的清香味道。但是，如果煮一下的话就会失去辣味，只留甜味和清香味，因此非常适合做辅食。尤其是它富含维生素C，看起来颜色也很好，好吃的同时还能够愉悦我们的眼睛。红灯笼椒的皮成人吃起来都多少会有些硬，因此需要先去掉薄薄的一层皮之后再使用。添加辅食结束期的时候可以带皮使用。无须焯后使用，直接生切即可。

[处理方法]
1. 用流动的水洗净
后去籽。
2. 去皮后再使用。

甜菜

甜菜由于具有其特有的红色，因此如果想制作出漂亮的辅食，可以在煮肉汤的时候加入甜菜。也可以将生甜菜剁碎后使用。但是，甜菜的烹饪时间要比西葫芦、洋葱等蔬菜长。甜菜、波菜、胡萝卜等蔬菜长时间放置在冰箱里的话，其硝酸盐的数值会增加，因此制作完辅食以后大人可以吃掉剩余的部分。也可以制成本书中所介绍的甜菜西餐、拌甜菜、甜菜苹果汁等间食。我曾将制作辅食后剩余的甜菜用于制作番茄酱和手工沙司。这样颜色会很美。

[处理方法]
1. 去皮后使用。
2. 放入肉汤里煮后使用。

 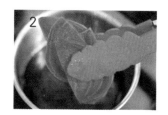

地瓜

虽然也有像地瓜一样富含纤维质的蔬菜，但其他的一些食材会对孩子的胃产生一定的负担。因此，我们可以选用适量的地瓜来制作辅食。白瓤地瓜比红瓤地瓜的纤维质含量要低。添加辅食初期阶段需要将碾碎的地瓜用刀再剁一下。这样就会使纤维质分离。碾地瓜的时候用刀背挤压会比用臼舂更为便利。

[处理方法]
1. 用烤箱烤过后去皮使用。
2. 用蒸锅蒸过后去皮使用。

土豆

土豆中的维生素C含量非常高。菠菜用沸水焯3分钟，其维生素C就会减少一半，而土豆即使蒸40分钟，还是会保留3/4。由于土豆不会因为受热而过多地破坏营养成分，因此烹饪时间要比其他食材长一些。

[处理方法]
1. 去皮后用水煮熟，然后再使用。
2. 蒸熟后使用（切成片儿后蒸会更快）。

南瓜

如果想品尝到南瓜的原味，可以煮或者是蒸，也可以烤后碾碎使用。碾的时候虽然用臼舂也可以，但是由于会出现有舂不碎的情况，因此要和地瓜一样，用刀背挤压。进入添加辅食中后期以后，可以处理成一定的大小。剩余的南瓜可以去籽后包起来保存。

[处理方法]
1. 洗净后去籽。
2. 用蒸锅蒸熟后去皮使用。
3. 盘子里放入少许水，然后将南瓜放入其中用微波炉加热3~5分钟后去皮使用。
4. 用沸水煮熟后去皮使用。

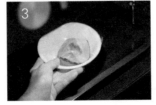

玉米

玉米需要去皮使用。有很多人会问一定要去皮才可以吗？成人在吃过玉米后会很快缓解疑惑。对于成人来说玉米皮也会有点硬，放到嘴里也不好咀嚼。这样的皮很容易卡到孩子的嗓子，因此在制作辅食的时候一定要去皮后使用。煮熟或者泡胀后去皮会更容易。

[处理方法]
1. 将玉米粒煮熟。
2. 煮熟的玉米放到冷水中，用漏勺过滤水分。
3. 去皮后使用。
4. 应季时买入冷冻，需要的时候解冻使用。

口蘑

菌类是均匀具有水果和蔬菜的无机质与肉类的蛋白质的综合营养体。口蘑在菌类中的蛋白质含量也是最高的。它比其他的菌类口感柔软，韧性十足，因此非常适合作为第一种给孩子添加的菌类。

[处理方法]
1. 放到撒有发酵苏打的水中浸泡3～5分钟。
2. 拔掉蘑菇杆儿。
3. 去除头部的皮。
4. 用流动的水洗净后使用。

如果添加口蘑后孩子没有出现异常反应的话，也可以是使用杏鲍菇、金针菇等其他菌类。进入添加辅食后期或结束期以后，也可以使用黄松菌、蟹味菇、平菇等菌类。其中的黄松菌是人工栽培的品种，是金针菇的变种。因此，如果喂食金针菇没有异常反应的话，就可以放心大胆地使用黄松菌了。尤其是由于其富含食物纤维，因此对预防便秘非常好。白蟹味菇可以抑制胆固醇的合成，因此对于腹泻有很好的效果。而且还富含无机质和维生素C，因此有利于增强免疫力。

萝卜

萝卜在秋季和冬季（10～12月）时的味道要比夏季的时候好。由于其含有淀粉分解效果，因此有助于消化吸收。在选择萝卜时，最好选用那种比较硬的、须根少的品种。保存的时候可以沾上泥土后用报纸包好存放。

[处理方法]
1. 用流动的水洗净萝卜。
2. 去皮后使用。

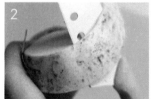

菠菜

菠菜富含维生素A、B族维生素$_1$、B族维生素$_2$、维生素C以及钙和铁。菠菜中丰富的铁和叶酸可以预防贫血，而且味道也不是很强，因此是一种非常适合喂食给孩子的蔬菜。菠菜需要焯过之后再使用，因为菠菜中的水溶性有机酸不焯直接使用的话，能够和钙结合形成不溶解性草酸钙，这会成为形成结石的原因。稍微焯一下可以去除水溶性有机酸。

[处理方法]
1. 放到撒有发酵苏打的水中浸泡3~5分钟后用清水洗净。
2. 只取叶部用沸水稍微焯一下后使用。

豆芽

豆芽虽然可以只使用头部，但如果不习惯腥味的话，可以去掉豆。另外，如果加入头部的话，会花费很长的时间才能让头部熟透，因此很难与其他食材时间一致，因此最好只使用茎部。尾部虽然含有天冬酰胺酸，比较硬，对孩子的胃会产生一定的负担，因此需要剪掉后使用。

[处理方法]
1. 用流动的水洗净。
2. 去除头部和根部，只使用茎部。

莲藕

富含维生素C和食物纤维的莲藕需要煮很长时间才能熟透。由于要比想象的难熟，因此最好使用压力锅煮。虽然是褐变比较严重的食材之一，但是如果加入酱油制作的话，会很难发现有褐变现象，所以会很难掌握时间。但现在还不是使用酱油的时候，因此最好直接制作。

[处理方法]
1. 用流水洗净后去皮。
2. 用沸水煮熟后使用。

牛蒡

牛蒡也和莲藕一样不易熟，因此需要花费很长时间。牛蒡对肾脏好，而且富含纤维质，因此是一款有利于缓解便秘的食材。

[处理方法]
1. 用流动的水洗净后去皮。
2. 用沸水煮熟后使用。

茄子

茄子富含水分，煮熟后的口感也很柔和。由于其蛋白质、碳水化合物、脂肪的含量低，因此并不算是营养价值很高的蔬菜，但是形成茄子颜色的成分对于预防疾病和抗癌具有奇效。在用茄子制作辅食的时候，可以与牛肉、豆腐（蛋白质）和富含无机质、维生素的蔬菜一起使用。茄子需要购买颜色鲜艳的品种。茄子皮即便是经过处理也多少会硬一点，因此刚开始的时候需要去皮使用，待孩子适应之后再带皮使用。

[处理方法]
1. 用流动的水洗净后去掉头部。
2. 去皮后使用。

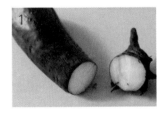 

番茄

番茄是最具代表性的超级碱性健康食品。番茄的红色是由于被称为类胡萝卜素的物质形成的，尤其番茄红素是主要成分。红色的色素番茄红素有利于防止细胞酸化，因此具有抗癌效果。而且，它还被称为富含维生素A、维生素C、B族维生素、维生素B_2的维生素帝王。尤其是维生素C的含量，一个番茄就可以达到一天所需总量的一半。很多人都认为对我们非常有用的番茄需要满周岁以后再喂食。但是，番茄只是"过敏可能性高"的食物，而不是"引发过敏"的食物。因此，如果没有特别问题的话是可以提早食用的。但是，如果孩子是过敏体质，或者对特定事物有过敏反应的话，则需要延后食用。

在食用过菠萝或番茄等酸度高的食物后，嘴角处别染成花花绿绿的。如果没有其他特别发展的话就无须特别担心。胜雅也经常会在食用番茄后弄得红红的。这只是暂时的，很快就会好的。

在食用过菠萝或番茄等酸度高的食物后，嘴角处别染成花花绿绿的。如果没有其他特别发展的话就无须特别担心。胜雅也经常会在食用番茄后弄得红红的。这只是暂时的，很快就会好的。

[处理方法]
1. 在顶部划出十字花。
2. 用沸水稍微焯一下。
3. 去皮。
4. 去除尾部后使用。

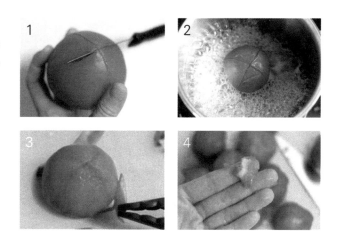

酪梨

长于森林中的奶油酪梨是富含维生素和矿物质的高营养热带水果。其含有优质的脂肪。使用时尽量选择那种表皮发黑的。表皮越黑说明熟的越透。熟透的酪梨不会发硬，而且口感像奶油，还很容易去皮。由于其内含有大而硬的核，因此可以以核为中心切成两瓣，然后抓住两端向相反的方向拧即可轻松地完成核与果肉脱离。

左边是熟透的
右边的尚未成熟

[处理方法]
1. 用发酵苏打抹在表皮上擦拭干净后再用清水冲净。
2. 以核为中心切成两半，抓住两端，然后向相反方向拧，核与果肉分离后食用。

菠萝

辅食中加入菠萝会让味道更为爽口。菠萝中含有可以分解蛋白质的菠萝蛋白酶，因此有助于消化。制作的时候，辅食快要熟的时候加入搅拌要比刚开始就加入要更为合适。刚开始就放入长时间煮的话会留下苦味。

[处理方法]
1. 将菠萝放到加有发酵苏打和柠檬酸的水里浸泡10分钟后用流动的水洗净。
2. 切成片之后去皮使用。

苹果

苹果中所含的果酸有利于缓解便秘。苹果的味道很好，因此可以用于制作西餐中的沙司，也可以加入到间食中。如果使用苹果的话，辅食会更加的甜美爽口。

[处理方法]
1. 将苹果放到撒有发酵苏打的水中浸泡3~5分钟，然后用流动的水洗净。
2. 去皮后使用。

梨

梨在制作辅食时的用处有很多种。梨富含水分，而且糖度高，因此可以制成浇汁，也可以制成多种沙司。在制作辅食的时候，可以尝试将其切碎、搅碎、切成适当大小的形式来使用。但是，当切成颗粒状时，一定要保证其完全熟透，能够让孩子用牙床碾碎。而且，由于梨很甜，因此尽量少用。

[处理方法]
1. 将梨放到撒有发酵苏打的水中浸泡3~5分钟，然后用流动的水洗净。
2. 去皮后使用。

甜柿子和柿饼

甜柿子富含维生素A、B族维生素，每100克的甜柿子中含有30~50毫克的维生素C。去皮的时候，请使用表皮带有黑色斑点的。黑色斑点是能够散发出涩味的单宁酸成分不融合化的痕迹，可以让粪便变硬，容易引发便秘。

[处理方法]
1. 甜柿子洗净后去皮使用。
2. 柿饼去蒂后使用。

大枣

　　大枣完全煮熟（如果想使用浸泡大枣的水，可以一起加入肉汤）后，虽然可以从漏勺中漏出，但是，如果损失的成分过多，那么就不容易漏下。完全煮熟后会很容易去皮，因此去皮后搅碎使用。生大枣可以引起腹泻，因此要周岁以后才可以喂食给孩子。混有大枣的辅食会甜甜的，因此会深受孩子的欢迎。

[处理方法]
1. 放到撒有发酵苏打的水中浸泡3~5分钟。
2. 用流动的水洗净。
3. 将大枣放入到沸水中煮，煮至表皮没有褶皱。
4. 去皮去核后使用。

核桃

坚果类煮过之后也不会变软，会有"吸入"的危险，因此一定要磨碎之后使用。核桃中富含不饱和脂肪酸，有利于头脑健康，因此非常适合给成长期的孩子食用。核桃生吃的话会有些许的苦味，而且市面上销售的核桃仁会因为不知道进行了何种加工而感到担忧，因此可以进行如下的处理（事先处理）后再食用。

[处理方法]
1. 放到沸水中煮10分钟左右。
2. 将核桃仁用清水洗净。
3. 去除核桃的水汽。
4. 放到180° 高温的烤箱中烤10分钟左右以后再使用（如果没有烤箱，可以用平底锅小火烤制，注意不要煳底）。

黑芝麻

由于黑芝麻中含有可以让DNA（脱氧核糖核酸）活性化的成分，因此可以使粪便柔软。碾碎后使用要比整颗使用更好，而且最好与牛肉或肌肉等富含蛋白质和维生素的食材一起使用。使用芝麻的时候有可能会引发消化不良，因此最好将其碾碎，以芝麻盐的形式使用。

[处理方法]
1. 准备好整颗芝麻。
2. 用搅拌机搅碎后使用。

鸡蛋

蛋黄最好是当孩子满6个月以后再食用。如果对蛋黄没什么特别反应的话，1~2个月以后可以食用蛋清。蛋黄富含维生素D，而且还含有有助于大脑思考和提高集中力的胆碱和卵磷脂成分。

[处理方法]
1. 搅碎后用漏勺过滤出蛋清。
2. 煮熟后使用。

虾

虾肉富含钙质和牛磺酸，是有助于成长发育的优质食材。尤其是将其加入熬辅食中会散发出鲜香的美味。

[处理方法]
1. 去头。
2. 去皮。
3. 去除背部内脏。
4. 去除腹部的内脏后使用。

螃蟹

可以使用蒸好的花蟹。将脂肪含量低、甜香的蟹肉加入到辅食中会让辅食更好吃。5、10月份是盛产花蟹的时节，因此此时可以购买新鲜的食材煮熟后使用。

[处理方法]

1. 将螃蟹洗净掰碎后放到蒸锅里蒸。

2. 取出蟹肉使用。

贻贝（海虹）

贻贝有助于大脑活动，富含B族维生素、锌。可以与番茄酱一起蒸煮，会让孩子吃上满满一大碗的。

[处理方法]

1. 用牙刷将贻贝科刷干净。

2. 拔掉须子后使用。

鲍鱼

鲍鱼富含维生素和矿物质，而且其内脏也可以使用。内脏需要去除羊膜后方可使用。由于富含被称为精氨酸的氨基酸，因此有助于孩子的生长发育。

[处理方法]

1. 用刷子把每个部位都刷干净（刷子可以使用较宽的类型，但是一定要是软毛的）。

2. 用勺子分离皮。

3. 去除内脏。

4. 鲍鱼前部分用刀切，去除牙齿后使用。

海藻

30克海藻中所含的叶酸和铁质就可以满足人体一天所需。冬季是生产海藻的季节。加入到面饼里制成饼会很好吃，做成粥的话也能让孩子吃上满满一大碗。

[处理方法]

1. 将海藻放入盛有凉水的大盆里晃动，促使异物出来，然后放到漏勺上用清水冲净。

2. 第一步反复3～4次后滤出水分使用。

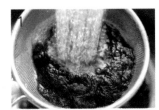

跟做辅食

食材的保存

随着将辅食上传到微博上以后，收到最多的问题就是"可以一次做很多天的量出来吗？"。虽然现做现吃要比冷冻后再解冻吃要好，但如果妈妈的时间不允许的话，可以一次做很多，冷藏后热一下喂食。或者是一次做出一周的量冷冻，需要的时候拿出来一顿的量解冻使用。解冻的时候用沸水蒸要比用微波炉好。

在处理食材的时候会发现，添加辅食初期的时候孩子能够食用的量一般为5克或10克，因此会造成一定的浪费或出现其他的一些隐藏问题。因此，牛肉、蔬菜、磨碎的米等食材可以生冻，需要的时候拿出来使用即可。

米的保存

将泡好的大米加入水后搅碎后冷冻。现在销售的冰块盒每个小盒的克数是固定的，因此无须用称测量。将冻好的米盛放到单独的容器里密封保存。使用的时候，放入到煮牛肉的肉汤中会马上融化。需要注意的是，一定要是融化以后再煮，这样米才不会成团。

牛肉的保存

牛肉可以根据每个时期所需的分量，分成5～15克的分量盛放到容器里冷冻。将冷冻好的牛肉盛放到单独的容器密封保存。

蔬菜的保存

蔬菜也是一样，在添加辅食初期的时候需要用搅拌机搅碎或者是用擦板擦，之后加入少许水倒入到冰块盒冷冻。如果不加水的话，不容易冻成块儿。需要的时候可以取出加水融化后使用。

辅食解冻

如果辅食做多了需要冷冻保存的话，做辅食的时候需要解冻后才能使用。辅食的解冻方法有许多种。

放到小锅里再次蒸煮

冷冻后的辅食不容易从器皿中脱落，因此可以将其整个放入温水中，待表面融化，可以脱落时将其放入小锅再次加热。

蒸

打开装有冷冻辅食的器皿盖子，放入小锅里蒸。

微波炉加热

使用微波炉的解冻功能进行解冻。

跟做辅食

制作辅食所需要的工具

餐具保管箱

　　最好将孩子的餐具与大人的餐具分开管理。可以将其视为是为了防止交叉污染。用来搅碎谷物的搅拌机需要单独进行保管。刀和菜板是最易发生交叉污染的工具，因此一定要将刀分为蔬菜用、肉类用、鱼类用。

🍴 刀和菜板的交叉危险

　　为了了解刀和菜板的交叉污染程度而进行的实验中得出的结果是令人震惊的。肉类人为使其污染了100000个大肠菌以后，使用刀和菜板进行切割的结果时，刀上被交叉污染上1000个，菜板上约为100个大肠菌。此外，用被污染过的工具切过的蔬菜上也会被污染上1000个。因此，刀和菜板一定要分类使用。

特别是最好把用于切辣椒和泡菜等刺激性食物的成人用刀和菜板分离开。最近出现了能够用热水进行消毒的菜板，因此建议大家购买此类工具使用。如果无法避免地使用刀和菜板的话，在更换食材的时候一定要用流动的水彻底冲洗10秒钟以上。

——吴医生

称

虽然称并不是一定需要的，但如果将其放在辅食食谱旁来协助制作的话会有很大帮助的。尤其是为了铁质的摄取而需要喂食一定量的食物时，如果能够放入正确分量的肉类等食材的话会更为有利。而且在需要称能够改变辅食味道的沙司等材料的分量时是十分必要的。如果是亲自给孩子烘焙饼干等间食的情况，由于食材的分量是烘焙的关键，因此称是十分必要的。图示中的称是我在2007年刚开始烘焙的时候购入的，但直至现在还很好用，很准。因此没有必要一定要购买非常昂贵的称。

菜板

在选择菜板的时候需要考虑以下几点。第一，刀的长度是多少？第二，刀是否有危险？第三，是否能够消毒和洗涤。第四，是否可以干净的保管。我曾经使用过木质菜板、玻璃菜板、塑料菜板。而能够满足以上四个条件的却是硅胶菜板。

前面也曾提到过，菜板最好分为蔬菜类、肉类、鱼类、水果用等多种。这样做是因为同时切肉和鱼的话，各自的微生物会残留在菜板的缝隙中，这样会引发交叉感染。此外，用切过洋葱的菜板切水果的话，会让辣味沾染到水果上。

刀

太锋利的刀是祸，不锋利的刀也是祸。然而，在买刀的时候最先考虑的问题还是"切削力"问题。大家一定要小心使用过于锋利的刀。我刚开始的时候使用的是带涂层的抗菌刀，但不知不觉中掉漆了。如果掉到食物里会产生不好影响，因此直接买了其他的刀。

单柄锅和迷你饼铛

制作辅食不可或缺的工具当属单柄锅。单柄锅在一次性制作好几顿饭的时候使用会很方便，下图的迷你饼铛适合用于一次性制作一两顿饭的时候使用。虽然是饼铛，但有一定的深度，因此可以当成小锅用。进入到添加辅食结束期和幼儿期以后也经常会使用到。可以烙饼，炒豆芽，煮粥，还可以烧饭，简直是万能的。

迷你压力锅

我长久以来都是迷你压力锅的忠实使用者。只要有一个压力锅就能完成所有的事情。夏天的时候可以用来做鸡，每天早上还可以用它来给丈夫做一大碗喷香的早餐。

此外，偶尔还能够制作简单的间食。进入到添加辅食结束期以后可以用迷你压力锅（2~3人用）制作稀饭，也可以用它来制作书中所提到的八宝饭、竹筒饭、清炖鸭、炖排骨等。还可以用它来处理像牛蒡、莲藕等比较难熟的食材。这样可以减少营养成分的流失。

迷你蒸锅

可以支上三脚架放到小锅上蒸，也可以使用任何尺寸的蒸锅。这款产品是为了"便于保管和使用"而向大家推荐的。我都用这种蒸锅给胜雅做间食（米糕、丸子、蒸糕、馒头、发糕、鸡蛋羹等）和小菜。在使用的过程中发现，它真的是一款非常好用的工具。它并不是便宜的那种锅体分3层，而是底部3层。它的整个锅身虽然有些薄，但我却十分满足，而且还经常会用它来制作不同的食物。可以再蒸锅底部铺上棉布使用，也可以使用硅胶制作蒸笼垫。虽然价格低廉，但却很实用，我们可以用很长时间。

搅拌机

我购买了两种类型的搅拌机。一种是为了搅蔬菜和水果时使用的蔬果搅拌机，另外一款是为了搅类似于豆类这种比较坚硬的食材的豆类搅拌机。蔬果搅拌机是家里一直使用的，夏天的时候放入冰或冷冻的水果，再加入牛奶就能制成奶昔来吃。如果使用过搅拌

机会发现，其实塑料机身与玻璃杯身有很大的区别。强化玻璃机身的搅拌机更加坚实安全。但是，如果用豆类搅拌机磨米粒的时候，会出现磨得很碎，颗

粒大小不好调节的缺点。因此，进入添加辅食中期以后，我都是用粉碎机磨米的。大家最好根据不同的用途来选用不同的搅拌机。可以毫不犹疑地说，搅拌机是辅食全过程中都需要使用的工具，尤其是书中所介绍的用磨碎的豆子做豆浆，或者是做奶昔类食物、酱汁类食物、水果冻、浓汤等时是必须要使用的。

陶瓷烹饪器具

我曾经买过辅食烹饪工具，同时还曾经作为礼物收到过一套。因此，塑料工具与陶瓷工具是一起使用的。其中，陶瓷烹饪工具更容易挤出食材的汁水，而且还不用担心环境因素。因此建议大家使用陶瓷器具。一套工具包含榨汁层、臼和漏层、削皮器等，用途非常广泛。可以用来削苹果、梨等比较坚硬的水果（削皮器），也可以在添加辅食初期和中期的时候用来绞磨蔬菜（擦板和臼），添加辅食后期的时候还可以用它来制作特餐和泥等间食。

冰块盘（失败的例子）

冰块盘虽然是在添加辅食初期的时候在需要将米粒磨碎来制作辅食的时候会常用到的器具，但是我购买失败的产品。我购买的是PE材质的冰块盘。虽然食物可以很容易掉落出来，而且也很方便，但是当食物从中掉出来的时候，它的底儿也会坏掉。因此无法在用它来冻食物，只能忍痛扔掉。另外，它的盖子密封也不好，它只是能够盖在上面而已，基本谈不上密封。

硅胶冰块盘（成功的例子）

由于前面所购买的冰块盘破掉而不得不丢掉，因此又重新购买了硅胶材质的。虽然所有的冰块盘最好有密封性好的盖子，但是硅胶冰块盘的盖子密封并不是很好，只是能够起到盖上的作用。此时，可以把硅胶冰块盘放到其他的密封容器里。硅胶冰块盘可以做到当其内的食物膨胀也不会胀坏。待食物冻好之后，只需挤压底部就可以很轻松地将东西取出。

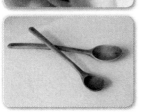

烹饪工具

铲子、夹子、炒勺是烹饪的时候最常用的工具。头部是硅胶的产品很多。还有很多工具的手柄部分是塑料材质或不锈钢材质的。我使用的是不锈钢柄、硅胶头部的铲子。柄部与头部可以分离，方便清洗。此外，我还购买了一大一小木勺，大号木勺用来制作炒菜，也可以用来制作酸奶。

土豆碾压器和迷你搅蛋器

我当时购买的是小号土豆碾压器，但如果稍微再大一点的话使用起来会更加方便，因此有些后悔。搅蛋器虽然是迷你号，但是使用起来很方便。当需要搅拌1个鸡蛋的时候不方便用大号的，而且用筷子搅拌的话也搅不均匀。

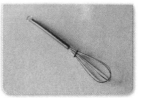

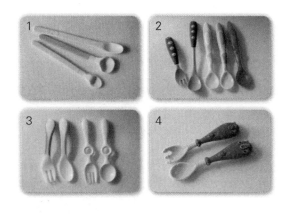

辅食餐具

勺子真是件让人又爱又恨的餐具。胜雅因其而喜欢吃辅食，同时也因其而拒绝辅食。我买过很多品种的勺子进行尝试。绿色柄的勺子用来吃辅食，粉红色柄的勺子用来喂食果汁和果糊。这款勺子很适合最开始的时候使用。接下来使用的是2号硅胶勺子和塑料勺子以及叉子。当进行使用勺子进行练习的时候主要使用塑料叉子，而硅胶餐具是辅食期间最常使用的。孩子会有一个时期突然使劲咬餐具，而这种具有软软头部的餐具用起来会很放心。3号勺子是因为听说有利于孩子自己吃饭而购买的。但实际上并没有帮上什么忙。最后的4号勺叉是从结束期到幼儿期使用频率最高的餐具。刚开始自己吃辅食的时候，胜雅是被它奇特的外表所吸引。因此非常喜欢用它来吃饭。

辅食保管容器

保管辅食的容器一般都是玻璃的。因为需要盛饭很热的食物，因此一定要使用耐热的材料。没有比它更适合盛放一顿饭量的食物了，这些容器使用了很长时间。在开始进行自行吃饭练习之前，不仅可以用来保管辅食，也可以当成盛放辅食的碗来使用。

碗和水杯

碗是当胜雅开始练习自行吃饭的时候才买入的。我和丈夫一起去超市购买的一套粉红色碗和水杯。水杯刚开始使用的是塑料小碗，因此到后半段胜雅可以非常熟练地用水杯练习喝水。因此，给她买了水杯以后，她会非常惬意地抓着水杯柄喝水。

油和油壶

我虽然也使用橄榄油，但使用最多的还是糙米油。而且用的时候也是取很少的量。此时需要的就是烤箱和油壶。放到烤箱中烤制一下的话，即便是使用很少很少的油，也可以做出看起来鲜亮的食物。尤其是制作炸丸子类食物的时候，用油壶将油喷洒在丸子的表面就会让其看起来鲜亮。

儿童餐椅

胜雅的第一套餐椅虽然可以把孩子非常安全地固定在餐桌上，但随着孩子不断长大就会变得有些拘束。而且还有很多的缺点……这让作为妈妈的我来说不知吃了多少苦头。忍受了一段时间以后就果断给她换成了原木餐椅。在购买餐椅的时候需要注意如下几个事项。

第一，便于清理。当孩子将食物弄得到处都是的时候，想要做到不发火，首先餐桌椅需要方便打理。如果卡槽或接口很多的话，食物会很容易漏到里面。因此建议大家购买设计简单的品种。

第二，放到厨房的角落也不会有负担。刚开始觉得大而厚实的品种会更结实，但放到厨房里以后会经常撞到我们。

第三，折叠式的也会有危险。虽然考虑到空间效率而选用折叠式的餐桌椅，但是这种类型的餐桌椅会有坍塌的危险。因为孩子看到什么都会去拽。胜雅当时经常会将自己个头高两倍的餐桌椅像手推车一样拉着到处跑。

第四，最好购买安全带比较宽松的品种。第一个餐桌椅是三角式的，但是这种餐桌椅孩子会感到不适，而且还容易夹到孩子的肉而导致孩子受伤。虽然内部结构很重要，但是在购买的时候还需要考虑其便利性。

围嘴儿

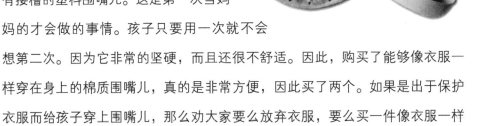

最开始的时候是因为听说"食物会流出来，因此要用围嘴儿"而购买了带有接槽的塑料围嘴儿。这是第一次当妈妈的才会做的事情。孩子只要用一次就不会想第二次。因为它非常的坚硬，而且还很不舒适。因此，购买了能够像衣服一样穿在身上的棉质围嘴儿，真的是非常方便，因此买了两个。如果是出于保护衣服而给孩子穿上围嘴儿，那么劝大家要么放弃衣服，要么买一件像衣服一样的围嘴儿给孩子穿上。

烘焙用品

烘焙的时候经常会用到的是手提式搅拌机。尤其是制作焗蛋泡的时候非常方便。这个工具是大约7年前开始烘焙的时候买入的。到现在都没有出现问题。挤花袋是制作饼干或制作裱花饼干的时候需要用到的。硅胶挤花袋清洗之后还能继续使用。饼干模具是在制作花样饼干的时候需要使用的。

还有一个很多人都感到困惑的问题，那就是在用烤箱烤制的时候需要铺什么。其实使用羊皮纸、铝箔纸都可以，我经常会使用的是聚四氟乙烯垫。虽然三种用品各不相同，但效果是差不多的。强力推荐聚四氟乙烯垫的原因是不会出现煳的情况。羊皮纸和铝箔纸本身就可以煳。

模具

胜雅的食谱中有很多的羊羹和果冻类食品。对于没有长牙的孩子来说，没有比这些更合适的间食了。左图是羊羹模具，属于硅胶材质，也适用于烤箱，因此可以用它来烤面包。如果有两个的话会更为方便。

烤箱用具

烤箱用用具一般使用的都是陶瓷用具或硅胶用具。在制作特餐的时候非常方便。白色的用具是在国内餐具店购买的。硅胶用具在大超市都能够买得到。

玻璃器皿

玻璃器皿主要用于制作果汁或布丁。制作布丁的器具虽然

不能放入烤箱，但是可以放入蒸锅（当然也有那种可以放入烤箱的布丁器皿）。装有用新鲜水果榨出果汁的玻璃瓶是不能长时间放置的。因为瓶口处会很容易繁殖细菌。

旅行用背包和器皿

大家还在为旅行的时候要将辅食放到哪里而感到苦恼吗？它可以防潮，还能够冷藏，因此才推荐给大家。结束期的时候孩子开始吃小菜，因此旅行或外出的时候，可以购买一些类似于图片中的一次性器皿，将辅食分别放入，需要的时候取出食用即可。

跟做辅食

烹饪工具的清洗

菜板

我们家有很多个菜板，因为我们用的和胜雅用
的是分开的。菜板在使用之后会出现伤痕，而且还
很容易出现一些凹槽。如果直接用水清洗的话当然
是不卫生的。

[清洗方法]

1. 撒上少许大粒盐、小苏打和
食醋，用洗碗刷刷。

2. 用杀菌液刷垫子。

3. 喷洒上杀菌液后让其干燥。

4. 放到撒有发酵苏打的水中
煮。

5. 刀上沸水。

6. 放到阳光下晾晒。

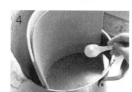

也可以把其他的烹饪器具一起放到2~3里煮。但实际上很难做到每天都进行这种蒸煮的操作。所以，2~3这步可以每周进行一次，平时的时候在完成方法1之后，直接进行方法3即可。

辅食容器及烹饪器具

孩子的辅食容器及烹饪器具一般情况下都会和大人的分开进行保管。最常用的玻璃器皿可以按照如下的方法进行清洗。

[清洗方法]
1. 放到撒有发酵苏打的水中煮。
2. 冲洗干净后放到阳光下晾晒。

当然，这种方法每周一次即可，平时每天撒上热水进行消毒即可。

洗碗刷

洗碗刷也需要将孩子的和大人的分开。因为成人用的洗碗刷会清洗用来制作含有辣椒酱和辣椒的酱汤的锅，因此无法用它来清洗孩子的器具。

[清洗方法]
1. 喷洒上杀菌液之后干燥。
2. 将干燥后的洗碗刷放到撒有发酵苏打的水里煮。

不锈钢饼铛

事实上不锈钢材质的饼铛用过之后很难清洗成像新的一般。如果是新购买的，可以按照下方的顺序进行清洗。

[清洗方法]

1. 将少许的油倒到洗碗巾上。
2. 用含有油的洗碗巾从底部开始进行仔细擦拭。
3. 在锅底撒入少量的发酵苏打、过碳酸、食醋，会发生化学反应，起泡沫。
4. 用洗碗刷擦拭。
5. 不要用水擦拭，倒入水后煮2~3次。
6. 再次擦拭一遍就会发出一定的光泽。

＊在使用不锈钢饼铛的时候，先加热到锅底的水分蒸发，再冷却后使用。

间食的制作

关于胜雅间食中所使用的琼脂和明胶

琼脂的主要成分是石花菜。我平时使用的是用烘焙用
粉末制成的琼脂，但其实还可以使用寒天或石花菜。一定有
很多人会问为什么不能直接吃新鲜水果，而要制成果冻的形式呢？
我当时是把大部分的水果都磨碎或捣碎之后喂给孩子。当然了，比较软的水果
会直接喂食给孩子。但我偶尔还是希望能够将布丁或果冻等形式的，具有丰富
口感的食物给孩子。色彩斑斓的手抓食品——果冻是胜雅非常喜欢吃的零食。

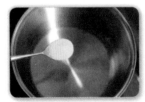

琼脂粉

果胶

琼脂和明胶的差别就是，琼脂是植物性的，而明
胶是动物性的。没法说它们两个哪一个更好。明胶的
情况，因为是蛋白质，因此其优点就是在摄入水果的
时候可以补充缺少的蛋白质。相反，琼脂的情况，虽
然它缺少蛋白质，但富含纤维素。添加辅食初、中期
的时候可以尝试用使用淀粉的果冻食谱。而琼脂和明
胶可以从添加辅食后期开始给孩子。因为明胶是有版
型的，因此可以使用任意一种粉状食材。

关于胜雅书谱中的配方奶和母乳

胜雅是完全母乳喂养的孩子。但是，在制作间食的时候会混入配方奶。因为母乳有时候会不足。虽然最好能够用母乳来做间食，但是毕竟还有一些孩子是以配方奶为主食的，因此即便是全母乳喂养，也没有必要一定非得用母乳来制作间食。含有母乳或配方奶的间食可以在孩子不舒服或拒绝吃饭的时候，抑或是当孩子虽然没有不舒服，但不吃饭的情况下，为了给他们补充营养而制成浓汤或奶昔等形式的间食。基本的用量一般为100毫升。

关于胜雅的饼干、面包和糕

不知道是不是因为我过于执著，由于我非常强调辅食阶段的食物中也不要加入糖和盐，因此我总是认为市面上所销售的面包和饼干都太甜、太咸。因此，胜雅所吃的饼干或是面包都是我按照本书中所介绍的配方自行制作的。虽然胜雅现在已经进入到幼儿期了，但我还是会在周末的时候为她做5~8个她非常喜欢吃的松饼，周末的时候给她两个，余下地放到密闭容器里冷冻，当她撒娇说"面包"的时候就拿出来一块给她吃。

至于糕类食品我还是建议不要给他们吃为好。虽然现在胜雅已经进入幼儿期了，但是每当我想喂她吃一些像炒年糕之类的食物时都会问一下丈夫是否可以，每次他都说"还不是时候"。因此有吸入的危险，所以最好还是先不要喂食这种有黏性的食物。但是，像那种松脆的发糕类食物，或者书中所介绍的那些米糕类食物是可以喂食的。这些

食物在胜雅还处于辅食期的时候很受胜雅的喜欢。虽然糕点类的食物可以自己做着吃，但大米饼之类的食物是无法在家完成的。因此经常会寻找一些无盐分或无谷胶添加的食品。虽然胜雅现在已经进入幼儿期了，但还是只给她喂食米饼类饼干。刚开始的时候给她买的是微博上了解到的无盐有机农米饼。从进入添加辅食结束期以后就开始给她买淀粉快餐。如果是用地瓜淀粉（或土豆淀粉）及地瓜粉等制成的饼干，味道会比较好。饼干对于牙齿没有完全发育成型的孩子在抓取和咀嚼训练初期是.非常有用的道具。

油的使用

烹饪用的油有很多种。橄榄油、葡萄籽油、菜籽油、大米胚芽油等被归类为高级油类。过去都用豆油或玉米油来做饭，而现在开始有所变化了。之所以使用橄榄油和菜籽油是因为其不饱和脂肪酸的含量高。当时为胜雅所做的辅食使用的几乎都是糙米油。

在给孩子制作食物的时候，可以使用白苏油、香油、糙米油等高级油，但最好不要用太多。而且，尽量还是先将食材蒸熟或煮熟以后再放入到抹有油的平底锅里稍微煎一下。

辅食好吃的秘诀

"添加辅食结束期之前不使用调料" "添加辅食结束期以后可以少用一点调料"，这两句话都是正确的。但是，也没有必要因为到了一定的时期就非得使用调料。

不要将孩子不吃辅食的原因全都归为"调料"。因为也许不是因为没放调料，而仅仅是因为暂时性地不想吃。胜雅有一段时间也偶尔会挑食。虽然也曾考虑加点调料，但考虑到"孩子对咸味还没有什么欲求"，因此还是煞费苦心地给她做一些没有调料的美味料理。

不放调料也会非常好吃的秘诀就在于肉汤。肉汤也需要根据不同的阶段进行尝试。刚开始的时候只使用肉汤和蔬菜汁，之后使用牛肉粉肉汤，接下来还可以使用海蜒肉汤。辅食期间即便是使用调料也不要用太多，不要让孩子太习惯调料的味道。因为我们的舌头会比想象的更快适应食物的调料味。舌头一旦习惯了咸味，就会对味觉细胞产生耐性，进而就希望能尝试到更为刺激的味道。

肉汤

胜雅的每顿辅食都有肉。虽然其他的材料都可以冷冻使用，但肉类是一定会使用新鲜的。因此，配方中所提到的"肉汤"就是煮肉的时候所产生的肉汤。因为使用的都是没有油的部位，因此可能会觉得不会有肉味，但事实并非如此。重点是将煮过的肉加入到辅食里，而煮肉的水可以当成肉汤来使用。

蔬菜汁和鸡汁

进入到添加辅食后期以后，什锦炒菜盖饭或其他盖饭会作为特餐做给孩子。此时就需要有滋有味了。因此经常会因为是加点调料，还是加点带咸味的海蜒肉汤而感到困惑。我们可以将其理解为在做肉汤的时候多煮一段时间熬出来的浓汤汁即可。

蔬菜汁

各种蔬菜（菠菜、胡萝卜、洋葱等），水，
牛肉，海带

1. 将牛肉和各种蔬菜放入小锅中煮1小时左右。
2. 捞出汤料，剩下浓浓的汤汁。

鸡汁

鸡腿3个，各种蔬菜（萝卜、洋葱、胡萝卜、
芹菜、西葫芦等），水

1. 将芹菜之外的蔬菜放入小锅煮。
2. 中途出现沫子时需将沫子撇除，待水再次沸腾的时候放入芹菜。
3. 煮1小时左右以后，用棉布将汤汁过滤出来。
4. 将过滤出来的汤汁盖上盖子冷却后放到冰箱里冷藏1小时，此时表面会出现一层油，将油去除，只使用清清的汤水。

* 可以将蔬菜汁和鸡汁放到
水块盘里冷冻，需要的时候
就取出融化使用。

海带肉汤

我们要尽量晚地在孩子的食物里添加调味料。不能因为已经满周岁了，或者是已经进入添加辅食结束期了就像成人一样添加味料，这样做没有什么好处。进入添加辅食  后期快结束的时候或结束期的时候才给胜雅的辅食里添加海带或海蜒等材料正是出于这个原因，因为海产品一般都含有一定的盐分。在使用海产品（大虾、海菜、海带、海蜒等）的时候可以将其放入淘米水中浸泡10分钟左右后使用，这样不仅可以去腥，还能去除咸味。在添加辅食结束期的时候也会给孩子烤一些海鲜，此时用淘米水去腥、去咸味是非常有效的方法。海带放到水里浸泡大半天以后可以去除咸味，然后即可使用。虽然只放海带和肉煮汤也很好，但如果能再放些其他蔬菜会让肉汤的味道更好。

海蜒肉汤

虽然说因为咸味而不建议使用海蜒，但进入到添加辅食结束期以后，也曾使用海蜒肉汤来代替放调料。先去除海蜒的头部和内脏，然后放到淘米水中去除咸味，之后在放到小锅里稍微焯一下去除腥味。

水果汁

在制作间食的时候由于无法只让孩子品尝单调的大米粉味或面粉为，因此偶尔也需要添加一些甜味。周岁以前是不能使用蜂蜜的，而白糖或糖稀又比较刺激，味道较浓，因此非常的苦恼。胜雅的添加辅食中是用水果汁来代替甜味的。而水果汁中的苹果汁和梨汁效果最好。尤其是梨，在蒸煮的过程中由于会变得黏稠，因此与糖稀很接近。

此外，杧果、甜柿子、香蕉等水果本身的糖粉就很高，因此无论给孩子添加哪种水果，孩子都会很愿意吃的。但是虽然是水果的甜味，毕竟也是甜的，如果添加辅食初期的时候就让孩子接触水果的甜味，很容易让孩子拒绝吃其他的食物，因此需要谨慎。

梨浆
🥘 梨1个，淀粉混合物（1小勺淀
　粉+3小勺水）
1. 梨去皮后用搅拌机搅碎。
2. 放到小锅里熬，待煮到黏稠时
倒入淀粉混合物。

制作特级辅食调味汁

番茄汁

酱是通过挤压碾碎食材而制成的调味汁。尤其是番茄酱，做一次可以用于多种料理。意面、盖饭都是必不可少的。

🥄 番茄2个，洋葱1个，苹果1/2个，糙米油1/2大勺

1. 番茄顶部切成十字花形后放到水里焯。

2. 将焯过的番茄去皮剁碎。

3. 洋葱去皮后切成细丝，用糙米油炒至透明状，在缩水之前加入第二步的番茄。

4. 将用擦板擦过的苹果加入到的材料里，熬制汤汁开始黏稠。

*将做好的番茄酱放入到玻璃瓶内储存，3~4天内使用完。

番茄沙司（番茄甜菜酱）

非常适合加入到清淡的肉类料理中。只使用番茄的话颜色并不会十分好，但如果和甜菜一起使用的话会制成红彤彤的美味酱汁。

🏺 番茄3个，苹果3/4个，洋葱10克，柠檬汁2大勺，淀粉混合物（1小勺淀粉+3小勺水），甜菜10克

1. 番茄顶部切成十字花形后稍微焯一下，然后去皮。
2. 将第一步的番茄与苹果、洋葱、柠檬汁一起放到搅拌机里搅。
3. 将汤汁过滤出来。
4. 将过滤出来的汤汁放到小锅里煮，一点一点地加入淀粉混合物，同时进行搅拌，待煮到一定黏稠度的时候关火即可。

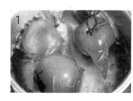 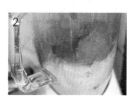  

*把甜菜放到第二步里一起搅拌，会制成红彤彤的酱汁。

菠菜意式青酱

意式青酱是用罗勒制成的意大利沙司。颜色上看起来就很健康的绿色菠菜意式青酱可以用于制作炒饭或意式焗饭。可以用菠菜代替罗勒，白干酪代替帕玛森奶酪，梨代替肉豆蔻等香辛料。这样就可以制成适合儿童食用的菠菜意式青酱了。

🛍️ 菠菜1/3捆，梨1/4个，松子3克，白干酪1大勺，糙米油1/2大勺

1. 菠菜洗净后去叶，并将其等分。

2. 将第一步切好的菠菜与松子、用擦板擦过的梨一起放入到搅拌机里（也可以直接放矿泉水）。

3. 将白干酪加入到第二步的材料里一起搅拌（白干酪的制作方法请参照140页）。

烤肉酱

没有添加调料的烤肉酱可以经常使用到结束期的辅食里。如果想要让它有咸味的话，可以在配方中加入1小勺酱油。排骨不需要使用到它，但如果将烤肉用牛肉放到烤肉酱里腌制一下，可以让肉质变得松软。大家可以在腌制2～3小时后再炒制。

🛍️ 猕猴桃1个，梨30克，洋葱20
　　克，蒜泥3克

1. 猕猴桃和梨去皮后切分。

2. 将第一步的材料与洋葱、蒜泥一起放入搅拌机搅拌。

豆腐蛋黄酱

正常的豆腐蛋黄酱里包括豆腐、低聚糖、豆油、芝麻、醋和盐。但我们是要给孩子吃，因此给胜雅做的时候，用梨代替了低聚糖，酸奶代替了豆浆和醋，没有放盐。

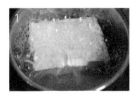

🥄 豆腐1/2块，酸奶2大勺（或豆油），
芝麻1大勺，磨碎的梨汁1大勺

1. 豆腐用沸水焯一下。

2. 将梨搅碎后过滤出果汁，然后将第一步的豆腐与酸奶、芝麻一起放到搅拌机里搅（酸奶的制法请参照139页）。

*冷藏保管，两天内食用。

花生酱

从颜色上看就很健康的花生酱抹在面包上喂给孩子，孩子会非常喜欢的。在家里自己做的花生酱会更加的香醇。可以作为添加辅食结束期的间食。

🥄 花生60克，杏仁40克，糙米油3
大勺，梨浆3大勺

1. 将花生和杏仁用平底锅炒一下。

2. 将第一步的材料与糙米油、梨汁一起放到搅拌机里搅（梨浆的制作方法请参照133页）。

草莓酱

只用梨汁就已经可以很黏稠了，再加上明胶使得草莓酱更加富有弹性。按照下面的配方可以制成不是很甜、更为爽口的草莓酱。虽然没有放糖，但毫不逊色。如果想制成颜色艳丽的草莓酱，可以加入少许的甜菜。

草莓350克，梨150克，明胶1/2张

1. 将草莓放到撒有发酵苏打的水中浸泡3分钟后用流动的水洗净。

2. 将第一步的草莓和梨一起放入搅拌机搅拌。

3. 将第二步的材料倒入小锅，小锅煮至黏稠。

4. 将泡好的明胶加入到第三步的材料里搅拌。

🍴 各种调味汁的保质期

保存方法	番茄酱	菠菜意式青酱	梨浆	番茄沙司	豆腐蛋黄酱	花生酱	草莓酱
冷藏	3~4天	1周	1周	1周	2天	1周	1周
冷冻	1个月	1个月	风干前	风干前	风干前	风干前	风干前

手工制作食品

满周岁以后就开始给胜雅喂食用鲜牛奶加工的奶酪、奶油和酸奶等食物了。市面上所销售的奶酪都含盐，因此才决定亲自动手制作的。

酸奶

进入添加辅食后期以后就可以尝试加工乳制品了。我最先给胜雅吃的是酸奶，只需要将牛奶加入到发酵种菌，让其常温发酵即可。不仅春秋可以，冬夏也可以实现常温发酵。吃的时候会弄得很脏又怎样，只要是让孩子能够享受其中。

用粉末种菌进行最初培养时

🥛 酸奶菌粉1袋（5克），牛奶1000毫升（不要使用无脂肪或高钙低脂牛奶，请使用正常牛奶）

1. 菌粉放入杀过菌的玻璃瓶里。

2. 倒入300毫升牛奶。

3. 充分搅拌，使粉末种菌与牛奶充分结合。

4. 待粉末混合到一定程度时，将剩余的700毫升牛奶倒入其中，边倒边搅，然后盖上盖子常温培养24小时。

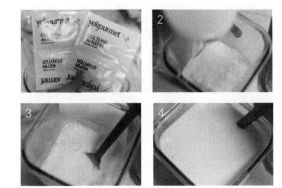

*最初培养的时候需要24小时，继续培养的时候需要8～12小时，这点很重要。

继续培养时

🥛 酸奶3大勺，牛奶500毫升

1. 舀出已经制好的酸奶，加入100毫升牛奶。

2. 待搅拌到呈一定黏稠状时混入剩余的400毫升牛奶。因为是二次发酵，因此只需8～12小时即可完成。

*大家只需将所有的种菌培养方法看成是一样的即可。酸奶过度发酵，乳清会像水一样漂浮在上方，乳清是营养精，因此可以食用。但是，酸奶的酸味会更浓。

白干酪

这是一款可以在家完成制作的软性奶酪。将乳菌（或柠檬汁）放入牛奶，形成切割状态的蛋白质，这些蛋白质聚集在一起就成了白干酪。将牛奶煮沸一次后制成白干酪的话会残留下乳清，将这些乳清再加热一次的话就会成为意大利乳清干酪。用同样的方法加热鲜奶油（浓奶油）制成的是可以制作提拉米苏的马斯卡彭奶酪。双重乳是含脂肪最少的。

🍶 牛奶1000毫升，柠檬汁3大勺

1. 牛奶煮至起泡关火。

2. 将柠檬汁加入到第一步的材料里，用木铲搅拌2~3次。

3. 倒入玻璃壶，等待乳清与蛋白质分离。

4. 放到棉布上挤出乳清，挂在高处两小时左右。

5. 从棉布里取出后即可形成切割的形态，放到冰箱冷藏后再吃。

*保质期为3天左右。

🍴 副产品的活用TIP！

● 乳清的活用

1000毫升牛奶制成的奶酪其实很少。剩余的都是乳清，这些乳清在烘焙的时候可以使用，也可以用来制作意大利乳清干酪，或者也可以将其洗脸或洗澡。

● 柠檬皮的活用方法

1. 洗涤用：菜板上撒上海盐，切下柠檬皮，像洗碗布一样用它进行来回擦拭。

2. 洗涤槽消毒及除臭：将柠檬皮切成细丝后放到洗涤槽的过滤网上，然后倒入沸水，放置半天左右。

3. 冰箱除臭：将切成细丝的柠檬皮放到冰箱里1晚即可。

4. 微波炉除臭：将切碎的柠檬皮倒入水，放到微波炉加热两分钟。

5. 柠檬皮的制作：将薄薄的一层黄色部分剥下切碎，加入糖或蜂蜜熬，熬好后晾干。可以用来烘焙。

奶油

奶油是使乳脂肪凝固而成的，可以将其视为是由乳脂肪、水分、蛋白质制成的。如果在市面上购买的话，需要选择那些无盐的或可以冷藏的品种。颜色一般都是白色，也有黄色的奶油，其主要差异是成分是

牛乳、羊乳，还是山羊乳，也有可以是因为经过了食用色素的处理。我们常见的含有奶油的产品中，也有使用加工奶油的。因为含有合成物质，因此最好还是购买100%的精致奶油。

当初我说要在家里自制奶油，可丈夫说"在家怎么可能做出奶油呢？"，可实际上制作起来要比想象的简单。因为只需要使用鲜牛奶。只需要将牛奶中比重少的脂肪成分进行离心分离，然后再进行灭菌处理即可制成奶油。最终我们可以将奶油也视为加工产品，因此被称为

"搅拌奶油"。大家需要购买用原奶制成的动物性鲜牛奶，而不要购买植物性鲜牛奶。

🥛 鲜牛奶500毫升

1. 鲜牛奶倒入盆中开始搅拌。

2. 慢慢就会出现变化，待又圆又软时加快搅拌。

3. 出现液体的时候，需要将液体与固体分离。

4. 分离出来的固体就是奶油。它其实就是将脂肪质分离出来的产物。

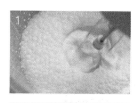 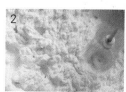  

*液体被称为脱脂乳，可以直接食用。烘焙的时候使用会让面包的味道更好。

奶酪

在家制作奶酪也是非常简单的。家里只需有发酵了的乳酸菌酸奶即可。

🥛 自制酸奶200毫升（酸奶的制作方法请参照139页）

1. 盆上放上漏勺，漏勺上铺上棉布，然后倒入发酵好的酸奶。

2. 用绳子将棉布系好，放入冰箱冷藏24小时。

3. 滤出乳清，剩余的沾在棉布上的东西就是奶酪。

  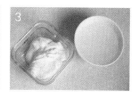

*可冷藏保存3天。

刀切面（菠菜刀切面）

刀切面虽然可以买成品吃，但也可以按照下面介绍的配方自己做着吃。尤其是菠菜刀切面不仅色泽美丽，味道也更好。

🍜 菠菜100克，水180毫升，面粉400克，糙米油1大勺

1. 将菠菜和水一起放到搅拌机里搅。
2. 将面粉倒入第一步的材料里糅合。
3. 中途加上糙米油继续揉，以防沾盆。
4. 用擀面杖将面饼擀成薄片。
5. 将擀薄的面皮卷成卷，然后按照一定的间隔切。

🍴胜雅手工食品有效期

保管方法	酸奶	白干酪	奶油	奶酪
冷藏	3天	3天	1周	3天
冷冻	风干前	风干前	风干前	风干前

制作孩子喜欢吃的小菜秘诀

蔬菜的处理方法

切成"半月形"或"切成丝"，抑或是"切成块儿"都要好于"刷碎"

我们要尽量让孩子能够品尝到蔬菜原本的口感。如果担心孩子不消化的话，可以将蔬菜切得薄一点，或者是把蔬菜煮熟。刚开始的时候可能会吐出来，但坚持尝试的话就会适应，从而就能吃得香喷喷。

皮的处理

目前无论是茄子，还是西葫芦、红灯笼椒等蔬菜都需要去皮后使用，但是一旦进入到辅食后期或结束期，孩子就能够充分消化蔬菜的皮。当然，像土豆、地瓜、莲藕、牛蒡等蔬菜大人吃的时候都得去皮，孩子就更应该如此了。

不同材料要做不同处理

西葫芦适合切成半月形，茄子适合切成丝或薄薄的圆片。土豆适合切成丝或切成块儿，萝卜、西蓝花、莲藕及牛蒡等比较硬的蔬菜最好切成薄片后再进行制作。

烹饪方法

肉汤炒制

炒菜或豆芽类料理虽然是含有有利于健康的食材，但需要使用油，因此在使用的时候会有所担忧。在制作儿童餐的时候，蔬菜和肉类是一定要熟透的，如果只用油来做的话有可能会煳底，因此在做的时候不知不觉就会放很多油。此时，大家可以尝试使用肉汤。肉汤可以根据蔬菜的量进行调节，一般控制在50～100毫升的范围内，倒入蔬菜中炒制到水汽都被吸收为止，即可完成没味道料理。由于没有放调料，因此如果放到海蜒肉汤里炒的话，还会达到蔬菜吸收肉汤味道的效果。

低（无）水分料理的制作

大家可以尝试制作可以最大限度保留食材固有的味道、颜色与营养的低水分料理。不加水和油，或者水的用量减少1/5，放到小火上长时间烹饪，用食材中出来的水分进行炒制使用。如果使用导热快、不易冷却的不锈钢平底锅进行烹饪的话会更容易。

少用油

如果想用放油的方法来提味儿的话，可以在炒制蔬菜前倒入油进行预热，然后再放入少许的洋葱和大蒜爆锅，待散发出香气后再倒入食材制作。或者是像前面提到的，在制作肉汤炒菜或低水分料理以后再稍微抹点油炒制。在制作豆芽类小菜的时候，可以用香油拌一下，或者在炒制的时候加入1/2小勺香油，这样会让味道更香醇。

无盐（酱油、大酱）无糖也能做到美味

并不是说一定不能放盐，不能放其他的调料。还是要让孩子慢慢地适应调料的味道。特别是24个月以前的孩子，要尽量给他们做低盐的食物。因此在给胜雅制作辅食的时候，曾想过很多

在不放盐、酱油、大酱和糖的情况下也能做到美味的方法。其实我们可以用海蜒肉汤来炒制，海蜒体内所含的极少的盐分可以传递给其他的食材。我们也可以用番茄还制成沙司来使用。或者我们也可以用贻贝、螃蟹或者是大虾等自身含盐的材料，这样就能制出可以让孩子产生食欲的美食。如果想尽量减少这些海产品中的盐分，可以用淘米水先浸泡一下再使用。

可以用梨或苹果等天然水果来代替糖。即使不使用水果，对于那些还没有接触到比较刺激的味道的孩子们来说，熟透蔬菜的那种香甜竟然会很意外地受到他们的欢迎。

选择单纯的烹饪方法

胜雅的小菜和间食虽然看起来都很丰富，但实际的制作方法并不华丽而复杂。间食一般都用蒸制或烤制的方法，小菜一般用炒制或炖的方法。炒制的时候主要使用肉汤炒，炖的时候一般会将

红灯笼椒或黄瓜这类多水分的蔬菜与肉汤一起搅，或者是用水果和淀粉混合物制成糖醋汁，然后淋到材料里炖。

　　胜雅辅食和小菜的前期最常使用的方法就是"烤制"。烤箱不仅不会让蔬菜的水分或肉汁流失，而且还不会让内部焖掉，因此制作的时候非常方便。也许是因为这个原因，孩子也很喜欢吃烤制类的食物。我是四年前在二手市场买的电磁炉和具有烤制功能的烤炉，到现在还非常好用。尤其是在制作辅食的时候会非常方便。如果没有烤箱，建议大家还是购买一台价格低廉的小尺寸烤箱。

小菜食材的来源

整理冰箱

　　不要把孩子的小菜想得过于复杂。总是想着把这种食材和那种食材组合在一起才能有营养，或者是这种食材适合用这种烹饪方法，而那种食材适合使用那种烹饪方法的话，自然而然会感到有压力。请大家想得简单点即可。将冰箱里剩余的蔬菜一起放到锅里炒，或者是将水果和红灯笼椒磨碎后炖也可以。蘸上鸡蛋煎也是不错的方法。

可以视为是成人食物的无盐版

　　如果在为多种食材的搭配感到困惑时，大家可以回想一下成人的料理是如何制作的。想清楚如果搭配以后就可以做成无盐的浓缩版小菜。在这个过程中，有成功也有失败，而且还能了解到孩子究竟喜欢何种烹饪方法和食材。

使用应季食材

产假结束上班以后就很难去逛市场了。坐车去超市需要15分钟左右，因此平时我经常会上网逛市场。不够的食材也可以在家前面的果蔬超市购买。虽然最好都是用有机农产品，但这并不是件  容易的事情。如果是网上购物的话，上面会在主页上介绍当月的应季商品。这样我们就能了解到应季的食材都有哪些，非常方便。应季食材不仅是食材味道最好的时候，而且还很新鲜、富含营养，因此非常适合用来制作孩子的小菜。

为烹饪所做的准备工作

事先准备好做菜用的食材

我一般都会在胜雅睡觉的时候熬肉汤，并将明天早上需要用的材料准备好。小菜所使用的肉汤主要用蔬菜汁、鸡汁或者是海蜒肉汤。其实处理食材需要花费很长时间。在做之前切好食材味道会更好，但前一天晚上提前准备好也是可以的。我都是先想好第二天的食谱，然后将收拾好的材料放到密封容器里保管，第二天只需要用肉汤炒制即可。

周末准备调味汁

周末的时候将周中时所需要的调味汁都准备好是个不错的方法。但是，与市面上销售的调味汁相比，其有效期不长，因此每次最好只制作当周使用的量即可（调味汁的制作方法和有效期请参照134~138页）。

要有兴趣

我本来就对烹饪很感兴趣。生胜雅之前就如此，生完之后就更感兴趣了。如果去饭店吃到了好吃的东西，我一般都会记住味道，然后查找制作方法进行尝试。大家可以怀着"试试啊？""好的，试试吧"这种想法，从简单的配方开始尝试。而不要总是因为想着"我不喜欢做饭""我做出来的东西真的很难吃"而导致连尝试都不尝试。看着孩子喜欢吃的样子会感到很有成就感，而且会不听地进行不同的尝试，不知不觉我们的烹饪水平就会提高。同时还能体会到烹饪的乐趣。但如果你十分不喜欢烹饪，认为这会让自己很有负担的话，可以从最简单些的配方开始尝试。可以将少许油放入蔬菜中拌一下，然后再放到烤箱里烤。或者碾碎地瓜或土豆，用酸奶拌成沙拉。还可以买来现成的肉馅团成球，蘸上鸡蛋后煎成饼。刚开始的时候可能会因为不熟练而花费一些时间，但熟练以后就会游刃有余了。

日常小菜简单做

　　为胜雅做的特餐无论是材料的准备，还是制作过程都很复杂。由于在做特餐的时候准备过程过长，因此我一般也都是抽空准备。当公公来看孩子的时候，或者胜雅的表姐们过来和她玩儿的时候，我都会充分利用这段时间。特餐的意思就是字面上所变现出的特别准备的食物。它不是每天做给孩子的小菜。大家可以用平时放到冰箱里味道也不会有什么变化的豆芽来制作，也可以做一些炒制类食物，还可以将海蜇肉汤加入到很容易能够买到的食材里进行炒制。总之，作为妈妈，我们不能自己本身就排斥做饭这件事。

　　在胜雅的辅食阶段，做了很多特餐给她吃。博客上大家的留言给了我很多的力量，因此我一直努力地进行着尝试。而且，还让我产生了想让大家都看到我给孩子做的食物的欲望。书中大部分的特餐配方都可以100%适用于幼儿期。它们并不只是止步于辅食期，而是当孩子大了以后也可以使用的配方。大家可以尝试体验一下亲手制作的美食来培养孩子的幸福。

辅食制作秘诀

一定要定量吗

初中期用磨碎的米制作米糊和粥的时候，我都是按照定量的配方来进行的。但是，稀饭形态的辅食配方实际上是没有"定量"可言的。书中配方中所写的量只是一个建议，并不是说一定都要按照这个量进行添加。辅食都是根据孩子的实际情况来进行制作的。虽然给大家写了上线，但这并不是绝对限制的。大家在制作的时候可以放轻松，剩下也没关系。

一定要按照书中所介绍的食材处理方法进行吗

食材的处理方法不仅是在做辅食的时候，平时做饭时每家所使用的方法都是各有不同的。我所介绍的方法只是其中之一而已。用沸水先焯一下蔬菜再进行制作的方法是在当食材不是很熟或有些硬的情况下使用的。此外，还有一些食材在已经熟透之后再进行处理会很容易。像莲藕和西葫芦这类的食材，在制

作时间上就存在着差异。因此需要先处理不易熟的食材。而且，每种食材的处理方法都会存在一些差异。大虾不切而是剁碎后放入的话，孩子在吃的时候会因为较硬的口感而无法咀嚼。后期的时候做成稀饭而不是饭是为了减少烹饪时间。大家可以将其视为一种方法。

食材可以存放多久

使用冷冻过的食材或是用放在冰箱里很长时间的食材当然不如使用新鲜的食材制作。给孩子做完辅食以后剩下的食材可以用来做大人的饭菜，尽量不要出现将食材冷冻或将食材放置在冰箱里1个月以上这种情况，要尽快将食材使用掉。也可以将适合的食材用于制作孩子的间食。

如何制作用餐计划

大家在做辅食的时候没有必要受用餐计划的束缚。虽然书中有建议大家使用的时间表，但并不是说一定要按照这个时间表进行。食谱只是在自己没有什么想法的时候作为参考而使用的。

那么，制作用餐计划的好处都有哪些呢？首先，可以让孩子均衡地摄取营养。如果是随便将食材进行组合的话，有可能会将不好的食材，或者是每周用量有限制的食材（比如说有胆固醇忧患的鸡蛋等），抑或是每天的用量有所限制的食材（可以用于制作间食的水果、奶酪等）过多地提供给孩子。也有可能只向孩子提供还有碳水化合物的食物或者是只有蔬菜制成的食物。当然，虽然偶尔这样也未尝不可，但要是每顿饭都这样处理的话，就会出现几天之内都吃同样的食物，因此最好还是制订用餐计划比较好。

孩子能够均衡地摄取营养是再好不过的事情了。如果情况不允许的话，可以每次做出2～3天的用量，然后冷藏或冷冻保管。"昨天已经吃过鸡蛋了，因此以后几天的菜单上都不需要鸡蛋了"，像这样的觉悟是非常必要的。

🍴辅食用餐计划及时间表的优点

提前制作用餐计划和时间表在辅食进行过程中有着其特有的长处。

首先，妈妈们可以按照自己的计划逛市场。

由于用于辅食的食材的量非常少，因此每次购买的食材最好都能用掉。虽然可以将余下的部分用于制作承认的饭菜，但这些食材都是不太好收拾的。因此，在制作计划的时候可以连续2～3天都使用这些食材。

其次，如果孩子没有过度摄取的话，就能防止重复使用相同食材的情况。

比如说，没有计划地给孩子制作辅食的话，很有可能会同时给孩子提供添加了水果的辅食＋水果间食＋果汁，这样会使孩子所食入的糖度过高。如果事先能够做好计划的话就会避免这种情况的出现。

最后，可以亲眼确认食材的添加间隔。

在制作辅食的过程中经常会出现忙乱或者是将食材混淆的情况。如果能够提前制作好计划就会防止这些失误的出现。制作计划，确认所添加的食材时间很累人的事情，所花费的时间要比想象的时间长。因此总是希望在这些事情上不要太费心。因此很容易让我们感到厌烦。一定要制定时间表，将每天的情况完美地记录下来并不算是能事。大家可以参考本书进行事前核对，也可以制作一个自己的辅食手册，只需记录上昨天和今天都吃了什么，明天和后天需要给孩子用什么食材即可，这样会很有帮助的。

——吴医生

如何调剂浓度

在制作辅食的时候，有时会会觉得太硬，而有时又会觉得太软。如果不想做得太软，只能在制作过程中费点心思。减少肉汤的量，或者说进入中后期时先将蔬菜弄熟之后再放饭，诸如此类的事情。相反，如果过硬，或者是因为冷藏或冷冻保管再次加热后会变得非常硬的时候，在喂食之前可

以先加入少许的水。不要被食谱中所规定的肉汤（水）量束缚。

怎样才能减少制作的时间

在添加辅食初期的时候，我经常会将当天需要使用的材料磨碎后冷冻。

添加辅食中期的时候，会把磨碎的大米、蔬菜、肉类、肉汤等一起放入密封容器里。

进入到添加辅食后期以后，会只将当天所使用的蔬菜实现收拾好备用。添加辅食后期的时候需要给孩子制作稀饭，我每天早上一起来就会做饭，然后将事先收拾好的材料拿出来做稀饭。肉类可以成块地放到前一天煮肉的肉汤里，需要的时候拿出来使用即可。

像肉丸等食物可以前一天做好后放到密封容器里发酵。

在制作特餐的时候，最好都是吃之前先做，因此，在用餐计划表中将特餐加入到了午餐的内容里。食材前一天先收拾好，等胜雅白天睡觉的时候拿出来制作。虽然感觉有点困难，但记住关键是先将材料提前收拾好以后再制作。

旅行的时候该如何做

在辅食阶段总是会出现一些特殊情况。比如说去旅行，或者是一整天都很忙……此时，就需要我们事先做好以后冷藏或者冷冻。尤其是炎热的夏天，一定要冷冻好以后才能带出去吃。

添加辅食后期或结束期去旅行的时候，提前做好食谱是个很好的方法。胜雅旅行的时候所带的旅行用辅食由如下几种。

蘑菇豆芽蔬菜饭 只需在饭里倒入调味汁拌即可，非常简单（请参照434页）

三色春卷 没有勺子也能一个一个用手抓着吃，轻松解决一顿饭（请参照504页）

蛤仔粥 没有比粥更简单的食物了，能够散发出鲍鱼和蜂蜜味道的粥（请参照444页）

菠萝鱼丸炒饭 制作简便，孩子也喜欢吃，因此是款值得推荐的炒饭（请参照440页）

油炸大米丸子 炸丸子也能够满足补充营养和制作简便的条件（请参照480页）

除此以外，本书中有很多食谱都适合旅行时制作。像鲍鱼内脏炒饭、土豆蟹肉稀饭意式烘蛋（或者是菠菜番茄意式烘蛋）、芝麻饭团、三色饭团、咖喱饭、饭团、炸丸子等。外出时携带的饭菜需要满足"易饮食""不沾手""一碗食物"的特点，大家可以按照这些特点准备。

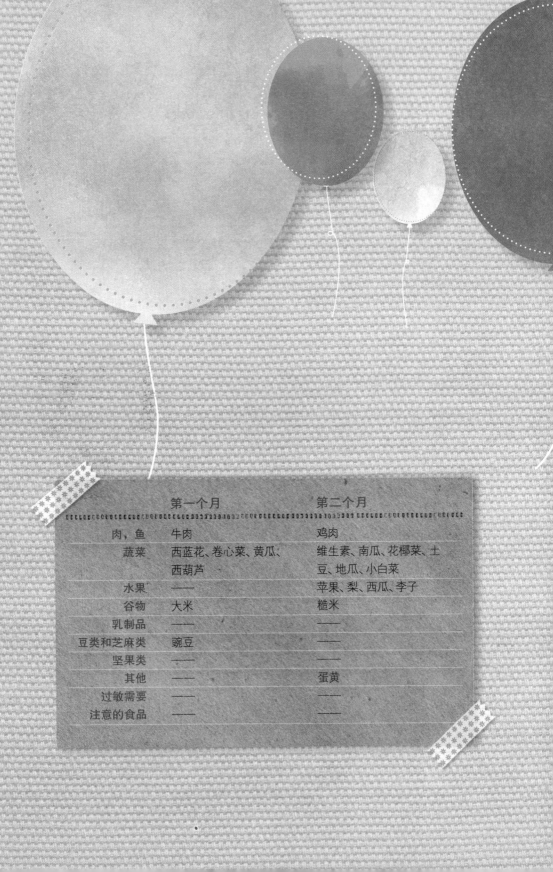

	第一个月	第二个月
肉，鱼	牛肉	鸡肉
蔬菜	西蓝花、卷心菜、黄瓜、西葫芦	维生素、南瓜、花椰菜、土豆、地瓜、小白菜
水果	——	苹果、梨、西瓜、李子
谷物	大米	糙米
乳制品		
豆类和芝麻类	豌豆	
坚果类		
其他	——	蛋黄
过敏需要注意的食品	——	——

初期
辅食

1日	2日	3日	4日	5日
米糊	米糊	米糊	米糊	牛肉糊
11日	12日	13日	14日	15日
西蓝花牛肉糊	西蓝花牛肉糊	卷心菜牛肉糊	卷心菜牛肉糊	卷心菜牛肉糊
21日	22日	23日	24日	25日
豌豆牛肉糊	豌豆牛肉糊	豌豆牛肉糊	豌豆牛肉糊	黄瓜牛肉糊

第一个月

进度表

6日	7日	8日	9日	10日
牛肉糊	牛肉糊	牛肉糊	米糊	西蓝花牛肉糊
16日	**17日**	**18日**	**19日**	**20日**
卷心菜牛肉糊	西葫芦牛肉糊	西葫芦牛肉糊	西葫芦牛肉糊	西葫芦牛肉糊
26日	**27日**	**28日**	**29日**	**30日**
黄瓜牛肉糊	黄瓜牛肉糊	黄瓜牛肉糊	卷心菜西蓝花牛肉糊	卷心菜西葫芦牛肉糊

10倍粥

米糊

· · · · ·

将米糊作为初始辅食的理由是因为它引发过敏的可能性几乎没有，
而且也很容易获得食材。注意刚开始喂米糊的时候需要少量喂食。

与"喂"孩子这种想法相比，建议大家用"介绍"的想法更为合适。

喂食母乳或配方奶后给孩子1勺的量即可。

每天一点点地加量，直至适应。一定要用勺子喂食。

如果对大米不过敏，以后在喂这种辅食的时候可以用糙米代替大米制成10倍粥。

材料

▫ 浸泡好的大米15克

🥄 做法

1. 将浸泡好的大米放入搅拌机，加入少许水搅拌。

2. 将搅拌好的大米倒入小锅，加入150毫升的水后用小火熬至黏稠。

3. 不停搅拌，以防煳底儿，熬5~7分钟。

4. 最后用漏勺过滤。

大米需要前一天晚上就开始浸泡。

啊! 初次品尝，味道如何呢

与"喂"相比，请大家想着"介绍"

163

牛肉米糊

很多父母都对于过早地喂食牛肉感到担心，
还有很多父母认为喂食肉类不好。
然而，牛肉早于其他食材喂食并不会增加特应性的发病率，
也不会增加孩子对于辅食的负担感。
不要因为妈妈没有根据的想法而拒绝食材，一定要适时地
将孩子成长所需的食材--牛肉作为辅食进行添加。

🥄 做法

1. 将去除了血水的牛肉用沸水煮熟（此时，不要将煮牛肉的水扔掉，可以将其作为肉汤来使用）。

2. 将煮好的牛肉捣碎。

3. 用臼将牛肉舂到看起来像毛刺一样。

4. 将150毫升的肉汤倒入搅碎的大米中煮，在此过程中加入第三步的牛肉，然后再一起蒸煮5~7分钟，用中火煮熟。

5. 将第四步的完成品用漏勺过滤。

⏱ 材料

- 浸泡好的大米15克
- 牛肉5克

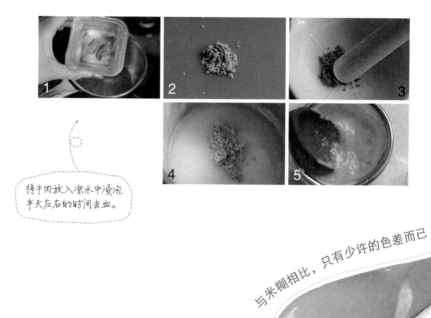

将牛肉放入凉水中浸泡半天左右的时间去血。

与米糊相比，只有少许的色差而已

呜啊！
更好吃啦

有关牛肉的故事
可参考21页

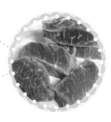

10倍粥

西蓝花·牛肉米糊

试吃4天米糊，4天牛肉米糊后，
如果没有异常反应即可添加。
给宝宝添加蔬菜，向大家推荐西蓝花。
西蓝花是富含维生素C、β-胡萝卜素等抗氧化剂的食材。
由于还是初期辅食，所以可以使用擦菜板或搅拌机搅碎。

材料

▫ 浸泡好的大米15克

▫ 牛肉5克

▫ 西蓝花5克

🥄 做法

1. 将西蓝花浸泡在加有发酵苏打的水中3~5分钟后用流动的水洗净。

2. 将洗净的西蓝花用沸水稍微焯一下。

3. 将焯过的西蓝花的花部切碎。

4. 将切碎的西蓝花用臼舂碎。

5. 将150毫升肉汤加入到捣碎的大米中煮熟，然后加入舂碎的牛肉和第三步的西蓝花，用中火煮5~7分钟。

6. 将第五步的完成品用漏勺过滤。

> 与焯相比，蒸可以更少地破坏营养成分。

> 最先品尝到的蔬菜——西蓝花

167

卷心菜·牛肉米糊

卷心菜是富含食物纤维的蔬菜。

但是，由于茎部坚韧且含有大量的纤维质，因此需要将此部分去除，只使用叶部。

由于卷心菜的茎部会最先腐烂，因此在保存的时候最好也

将叶子单独包好存储。

🥄 做法

1. 将卷心菜的叶子切好。
2. 将卷心菜的叶子用沸水稍微焯一下。
3. 将焯好的卷心菜切碎。
4. 用臼将焯过的卷心菜捣碎。
5. 将150毫升的肉汤倒入搅碎的大米中蒸煮，煮熟后加入捣碎的牛肉和第四步里的卷心菜，用中火煮5~7分钟。
6. 用漏勺过滤第五步的完成品。

⚖️ 材料

- 浸泡好的大米15克
- 牛肉5克
- 卷心菜10克

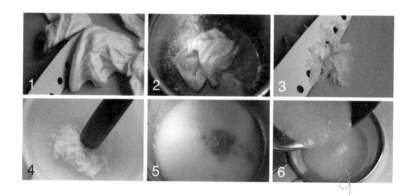

过滤的时候需要小心倒入漏勺，以免出现牛肉和卷心菜的颗粒。

最喜欢吃辅食的时候了

拥有完美颗粒的卷心菜牛肉糊

西葫芦·牛肉米糊

西葫芦富含纤维素、维生素和矿物质，

甜甜的味道可以提升孩子的胃口，

因此是非常好的早期辅食食材。

由于西葫芦两端和表皮富含纤维质，而且坚韧，因此只食用瓜身部分。

🥄 做法

1. 将西葫芦的瓜身部分去皮。

2. 将整理好的西葫芦用沸水稍微焯一下。

3. 用漏勺将焯好的西葫芦过滤出来。

4. 将150毫升的肉汤倒入搅碎的大米中煮，煮熟后加入捣碎的牛肉和第三步中的西葫芦，用中火煮5~7分钟。

5. 用漏勺过滤第四步中的完成品。

材料

□ 浸泡好的大米15克

□ 牛肉5克

□ 西葫芦10克

如果捣得不够碎，可以在用搅拌机搅过之后再使用。

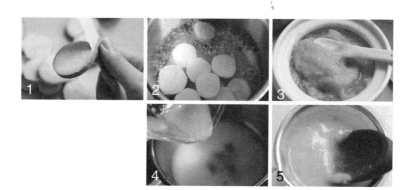

妈妈, 辅食最好吃啦

10倍粥的稀度

10倍粥

豌豆·牛肉米糊

与豆类罐头或去皮的豆子相比，购买带皮的豌豆会更加的新鲜。

3~4月种植豌豆，6月份收获，应季的话会更加美味。

过季后会很难买到，

因此可以应季的时候购买冷冻，需要的时候拿出来使用即可。

□ 浸泡好的大米15克

□ 牛肉5克

□ 豌豆10克

🥢 做法

1. 将豌豆用撒入发酵苏打的水浸泡1天左右。

2. 将浸泡好的豌豆去皮（如果不好去的话，可以稍微焯一下再去皮）。

3. 将处理过的豌豆用沸水蒸煮后再用流动的水冲洗干净。

4. 用臼将第三步的完成品捣碎。

5. 将150毫升的肉汤倒入搅碎的大米中蒸煮，煮熟后加入捣碎的牛肉和第四步中的豌豆，用中火煮5~7分钟。

6. 用漏勺过滤第五步的完成品。

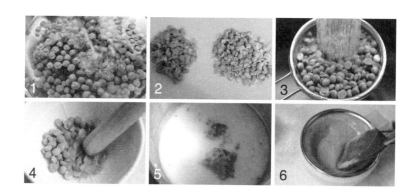

之所以去皮是因为孩子在食用的
过程中有可能会被皮噎到

黄瓜·牛肉米糊

在开始食用辅食20天以后，即使还处于初级阶段，
也可以将过滤出来的牛肉渣和蔬菜渣刮下来喂食。

由于在过滤过程中残留下来的上述牛肉渣和蔬菜渣也都处于被搅碎的状态，
因此对于孩子的消化不会有很大的负担。并不是说因为是喂辅食的初级阶段就只能吃流
食状态的糊糊，初期阶段又分为初期、中期和后期，每个阶段的浓度和颗粒大小也会随
之增加，希望能够慢慢过渡到中期粥的形态。

材料

□ 浸泡好的大米15克

□ 牛肉5克

□ 黄瓜10克

🥄 做法

1. 黄瓜洗净去皮使用。

2. 将第一步处理好的黄瓜放在菜板上切碎。

3. 将150毫升的肉汤倒入搅碎的大米中煮，煮熟后加入捣碎的牛肉和第二步中的黄瓜，用中火煮5~7分钟。

4. 用漏勺过滤第三步中的完成品。

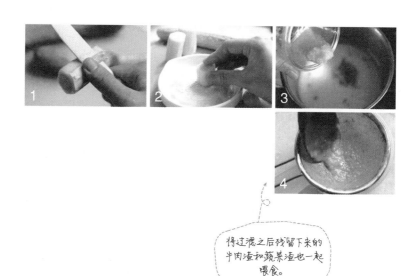

将过滤之后残留下来的牛肉渣和蔬菜渣也一起喂食。

偶尔也展示一下爸爸的本事

爸爸! 其实妈妈做得更好吃

8倍粥

卷心菜·西蓝花·牛肉糊

由于之前已经食用过西蓝花和卷心菜了，因此可以将它们一起加入到辅食里。

加入两种以上蔬菜的时候也和加入一种的时候一样，每种各放10克即可。

太稠的材料（如豆类）和富含纤维质的食材可以在用量上进行适当的调节。

孩子开始食用辅食的话，其便便的状态也会发生一定的变化，

观察便便的状态来调节纤维质的量即可。

🍴 做法

1. 只选用卷心菜的叶子用沸水稍微焯一下。
2. 将焯好的卷心菜捣碎。
3. 用沸水稍微焯一下西蓝花，只需将花部捣碎。
4. 将150毫升的肉汤倒入搅碎的大米中煮，煮熟后加入捣碎的牛肉和2~3步中的材料，用中火煮5~7分钟。
5. 用漏勺过滤第四步中的完成品。

⊞ 材料

- 浸泡好的大米15克
- 牛肉5克
- 卷心菜10克
- 西蓝花10克

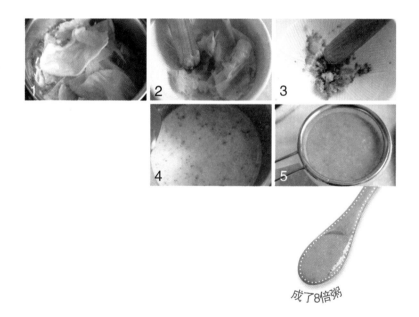

成了8倍粥

🍴 卷心菜·西葫芦·牛肉糊

8倍粥

【材料】浸泡好的大米15克，牛肉5克，卷心菜10克，西葫芦10克。

【做法】西葫芦去皮后用沸水稍微焯一下捣碎，然后按照"卷心菜·西蓝花·牛肉糊"的制作方法，将西蓝花替换为西葫芦即可。

	1日	2日	3日	4日	5日
正餐	乌塌菜卷心菜牛肉糊	维生素菜黄瓜牛肉糊	维生素菜西葫芦牛肉糊	花椰菜南瓜牛肉糊	花椰菜黄瓜牛肉糊
零食	－	－	－	－	－
	11日	12日	13日	14日	15日
正餐	土豆牛肉糊	土豆西蓝花牛肉糊	土豆豌豆牛肉糊	土豆南瓜牛肉糊	土豆维生素菜牛肉糊
零食	苹果泥	苹果泥	擦菜板擦下来的苹果	梨泥	梨泥
	21日	22日	23日	24日	25日
正餐	小白菜豌豆牛肉粥	小白菜梨牛肉粥	小白菜花椰菜牛肉粥	小白菜卷心菜牛肉粥	小白菜黄瓜牛肉粥
零食	梨泥	苹果泥	李子泥	李子泥	擦菜板擦下来的李子

第二个月

进度表

	6日	7日	8日	9日	10日
正餐	南瓜豌豆牛肉糊	花椰菜南瓜牛肉糊	花椰菜豌豆牛肉糊	花椰菜南瓜牛肉糊	花椰菜黄瓜牛肉糊
零食	—	—	—	苹果泥	苹果泥
	16日	17日	18日	19日	20日
正餐	地瓜牛肉粥	地瓜西蓝花牛肉粥	地瓜维生素菜牛肉粥	地瓜黄瓜牛肉粥	小白菜地瓜牛肉粥
零食	梨泥	擦菜板擦下来的梨	苹果泥	梨泥	苹果泥
	26日	27日	28日	29日	30日
正餐	西蓝花鸡肉粥	南瓜维生素菜牛肉粥	蛋黄西蓝花牛肉粥	蛋黄花椰菜牛肉粥	蛋黄南瓜牛肉粥
零食	土豆黄瓜泥	鸡脊梨泥	鸡脊维生素菜泥	土豆卷心菜泥	土豆花椰菜泥

南瓜·牛肉糊

从添加辅食的第二个月开始就决定省略掉碾碎这个过程。

因此需要将颗粒弄得美观点。

将南瓜去除籽和皮后，可以蒸，可以煮，也可以烤。

进行捣碎处理的时候，虽然用白舂比较好，但为了化解硬块

用刀背进行挤压会使颗粒更加美观。

🥄 做法

📋 材料

- 浸泡好的大米15克
- 牛肉5克
- 南瓜10克

1. 将南瓜切成条,去除籽和皮后放入蒸锅蒸5分钟左右。

2. 用就将蒸好的南瓜舂碎。

3. 将120毫升的肉汤倒入搅碎的大米中煮,煮熟后加入捣碎的牛肉和第二步中的南瓜,用中火煮5~7分钟。

 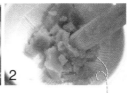 

> 此时不用漏勺过滤,因此需要让颗粒更加美观。

> 穿上黄色衣服去吃黄色的南瓜辅食

🍴 南瓜·豌豆·牛肉糊

8倍粥

【材料】浸泡好的大米15克,牛肉5克,乌塌菜10克,黄瓜10克。

【做法】豌豆去皮煮熟后用臼舂碎,按照"南瓜·牛肉糊"的制作顺序,一起加入南瓜和牛肉。

花椰菜·豌豆·牛肉糊

如果食用100克花椰菜就能摄取到一天所需维生素C的总量。

当然，花椰菜中还富含其他的维生素，与卷心菜和白菜相比，食物纤维的含量更高。

虽然属于初期辅食，但也是在接近中后期的时候加入，与"糊"相比，更接近于"粥"。

牛肉也不用舂碎，切碎即可。

做法

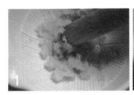 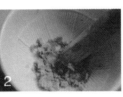 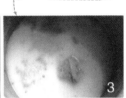

材料
- 浸泡好的大米15克
- 牛肉5克
- 花椰菜10克
- 豌豆10克

1. 用沸水稍微焯一下花椰菜,将花部切成小块后舂碎。
2. 豌豆去皮后用沸水煮,然后舂碎。
3. 将120毫升的肉汤倒入搅碎的大米中煮,煮熟后加入捣碎的牛肉和1~2步中制成的材料,用中火煮5~7分钟。

> 此时牛肉也不用舂碎。

🍴花椰菜·西葫芦·牛肉糊 8倍粥

【材料】浸泡好的大米15克,牛肉5克,花椰菜10克,西葫芦10克。

【做法】西葫芦去皮用沸水稍微焯一下后舂碎,按照"花椰菜·豌豆·牛肉糊"的制作顺序,用西葫芦代替豌豆即可。

🍴花椰菜·南瓜·牛肉糊 8倍粥

【材料】浸泡好的大米15克,牛肉5克,花椰菜10克,南瓜10克。

【做法】南瓜蒸熟后舂碎,按照"花椰菜·豌豆·牛肉糊"的制作顺序,用南瓜代替豌豆即可。

🍴花椰菜·黄瓜·牛肉糊 8倍粥

【材料】浸泡好的大米15克,牛肉5克,花椰菜10克,黄瓜10克。

【做法】用擦菜板擦黄瓜,按照"花椰菜·豌豆·牛肉糊"的制作顺序,用黄瓜代替豌豆即可。

土豆·牛肉糊

土豆被称为"长在土里的苹果"。说明土豆中富含维生素C。

一般情况下，我们在烹饪的时候维生素C很容易被破坏，但土豆中所含的维生素C却不易被破坏掉。

土豆与肉和饭等酸性食物非常搭调。

但是，如果土豆长芽或者变成绿色，

会生出被称为"龙葵碱"的有毒物质，这样的一定不要食用。

🥄 做法

1. 土豆洗净后用蒸锅蒸熟。

2. 将蒸熟的土豆去皮，用刀背压碎。

3. 将压碎的土豆舂碎。

4. 将120毫升的肉汤倒入搅碎的大米中煮，煮熟后加入捣碎的牛肉和第三步中的土豆，用中火煮5~7分钟。

📝 材料

□ 浸泡好的大米15克

□ 牛肉5克

□ 土豆10克

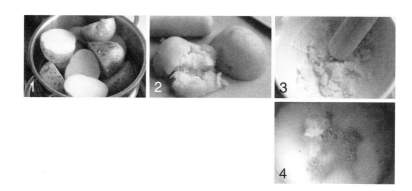

土豆牛肉糊中只需添加西蓝花即可

🍴 土豆·西蓝花·牛肉糊

8倍粥

【材料】浸泡好的大米15克，牛肉5克，西蓝花10克，土豆15克。

【做法】将西蓝花用沸水稍微焯一下，将花部切碎后舂碎，按照"土豆·牛肉糊"的制作顺序，将西蓝花与牛肉一起放入即可。

8倍粥

小白菜·豌豆·牛肉粥

在有机蔬菜店很容易能够购买到的叶菜之一
就是小白菜。小白菜中富含烟碱胺，被称为天然保健补药。
还富含钙质，而且很容易能够买到，因此是经常被使用的食材。

🥄 做法

1. 用流动的水洗净小白菜，只取叶部用沸水稍微焯一下。
2. 将焯过的小白菜切碎。
3. 豌豆去皮用沸水煮熟后舂碎。
4. 将120毫升的肉汤倒入搅碎的大米中煮，煮熟后加入捣碎的牛肉和3~4步中的材料，用中火煮5~7分钟。

📋 材料

- 浸泡好的大米15克
- 牛肉5克
- 小白菜10克
- 豌豆15克

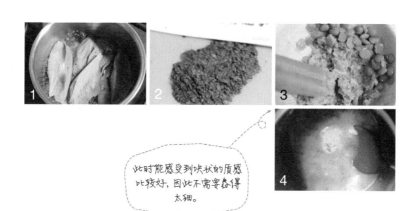

此时能感受到块状的质感比较好，因此不需要舂得太细。

🍴 小白菜·地瓜·牛肉粥

8倍粥

【材料】浸泡好的大米15克，牛肉5克，小白菜10克，地瓜15克。

【做法】地瓜蒸熟后挤压后舂碎，然后按照"小白菜·豌豆·牛肉粥"的制作顺序，用小白菜替换豌豆即可。

🍴 小白菜·梨·牛肉粥

8倍粥

【材料】浸泡好的大米15克，牛肉5克，小白菜10克，梨10克。

【做法】梨去皮切碎后，按照"小白菜·豌豆·牛肉粥"的制作顺序，用梨替换豌豆即可。

小白菜·花椰菜·牛肉粥

· · · · · ·

添加辅食初期分为"第一个月"和"第二个月"，

因为即便是同为添加辅食的初期，食物的质感和颗粒也是截然不同的。

一般为了方便只是将辅食的阶段分为初、中、后期，

在进行的过程中想着"慢慢增加"即可。

第二个月的时候，将之前吃过的蔬菜一起加入烹饪，然后一点点地增加材料的量。

材料

- 浸泡好的大米15克
- 牛肉5克
- 小白菜10克
- 花椰菜10克

做法

1. 小白菜取叶部,用沸水稍微焯一下。

2. 将焯过的小白菜切碎。

3. 用沸水稍微焯一下花椰菜。

4. 将焯过的花椰菜花部切碎。

5. 将120毫升的肉汤倒入搅碎的大米中煮,煮熟后加入捣碎的牛肉和第二步中的小白菜和第四步中花椰菜,用中火煮5~7分钟。

做好了叫一下哈~
我边看书边等

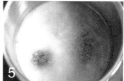

🍴 小白菜·卷心菜·牛肉粥

8倍粥

【材料】浸泡好的大米15克,牛肉5克,小白菜10克,地瓜 15克。

【做法】卷心菜叶部用沸水稍微焯一下切碎,然后按照"小白菜·花椰菜·牛肉粥"的制作顺序,用卷心菜替换花椰菜即可。

🍴 小白菜·黄瓜·牛肉粥

8倍粥

【材料】浸泡好的大米15克,牛肉5克,小白菜10克,黄瓜10克。

【做法】黄瓜切碎后按照"小白菜·花椰菜·牛肉粥"的制作顺序,用黄瓜替换花椰菜即可。

8倍粥

西蓝花·鸡肉粥

虽然在初级辅食阶段可以使用鸡肉，
但还是尽量以牛肉为主，偶尔用鸡肉代替即可。
不仅是牛肉，鸡肉在摄取铁质方面也很有效。

做法

材料

- 浸泡好的大米15克
- 鸡肉5克
- 西蓝花10克

1. 鸡肉去筋去皮后用沸水煮。
2. 将煮熟的鸡肉切碎。
3. 用沸水稍微焯一下西蓝花。
4. 将焯过的的西蓝花花部切碎。
5. 将120毫升的肉汤倒入搅碎的大米中煮, 煮熟后加入第二步的鸡肉和第四步中的西蓝花, 用中火煮5~7分钟。

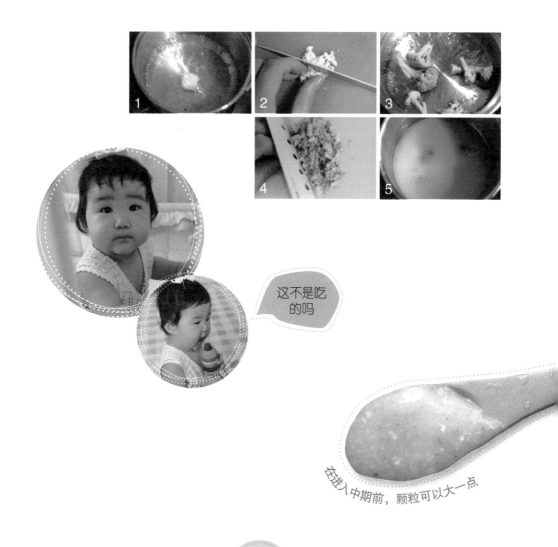

这不是吃的吗

在进入中期前，颗粒可以大一点

191

蛋黄·西蓝花·牛肉粥

6个月之后就可以试着吃些蛋黄了。

随着进入了中期，胜雅也开始尝试含有蛋黄的辅食了。

蛋黄中富含维生素D，还含有有利于提高大脑和集中力的胆碱和卵磷脂。

192

1. 用沸水稍微焯一下西蓝花，将花部切碎。

2. 将蛋黄分离出来。

3. 将附着在蛋黄上的卵黄细带也去除。

4. 将120毫升的肉汤倒入搅碎的大米中煮，煮熟后加入捣碎的牛肉和第一步中的西蓝花以及第三步中的蛋黄，用中火煮5~7分钟。

⚖ 材料

- 浸泡好的大米15克
- 牛肉8克
- 西蓝花10克
- 鸡蛋（蛋黄）10克

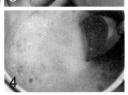

由于加入了蛋黄，所以更加美味

🍴 蛋黄·花椰菜·牛肉粥

8倍粥

【材料】浸泡好的大米15克，牛肉8克，花椰菜15克，鸡蛋（蛋黄）1个。

【做法】用沸水稍微焯一下花椰菜，将花部切碎，然后按照"蛋黄·西蓝花·牛肉粥"的制作顺序，用花椰菜替换西蓝花即可。

🍴 蛋黄·西葫芦·牛肉粥

8倍粥

【材料】浸泡好的大米15克，牛肉8克，西葫芦15克，鸡蛋（蛋黄）1个。

【做法】西葫芦去皮后沸水稍微焯一下切碎，然后按照"蛋黄·西蓝花·牛肉粥"的制作顺序，用西葫芦替换西蓝花即可。

初期
间食

苹果泥

梨泥

准备材料

▫ 苹果100克

准备材料

▫ 梨100克

 1. 苹果去皮后切成小块。

 2. 用沸水煮3分钟左右。

 3. 捞出煮好的苹果捣碎。

 4. 用漏勺过滤。

 1. 梨去皮后用擦菜板擦碎。

 2. 将擦过的梨和梨汁放入小锅。

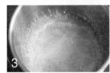 3. 煮3分钟左右冷却。

*过滤的时候热乎的苹果更容易过滤。如果希望颗粒能够美观，也可以不过滤，将苹果整个煮熟后，用擦菜板擦即可。

*做泥的时候，可以将水果煮熟后再过滤，但如果不好过滤或者需要花费很长时间的话，需要事先磨碎后再煮。

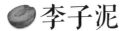 李子泥

 准备材料

▫ 李子100克

 1. 梨子去皮后切成块状。

 2. 用沸水煮3分钟左右。

 3. 碾碎。

*在制作类似于李子这类偏酸的水果时，需要选择那种熟透的、有甜味的来做孩子会喜欢吃。

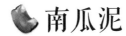 南瓜泥

 准备材料

▫ 南瓜80克

 1.南瓜切成块状之后用沸水煮熟。

 2. 去皮切碎。

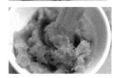 3. 捣碎。

*如果是使用事先处理好放在冷冻室里的南瓜，取出后需要重新蒸一下。

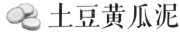 西瓜泥　　 土豆黄瓜泥

📖 准备材料

▫ 西瓜50克

📖 准备材料

▫ 土豆60克，黄瓜20克

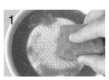
1. 首先将西瓜去籽后用擦菜板擦。

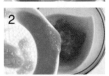
2. 然后用漏勺过滤，将汁水与果肉分离。

呼噜噜

1. 首先将土豆切成块状用沸水煮熟。

2. 然后将煮熟的土豆碾碎。

3. 黄瓜去皮后切碎。

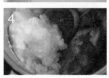
4. 将第二步的土豆和第三步的黄瓜混在一起后再稍微煮一下。

★类似于西瓜这类汁水较多的水果可以将果汁单独给孩子喂食。

★虽然煮熟的土豆和切碎的黄瓜很容易混合，但加入一点水再稍微煮一下可以出现软烂的质感。

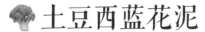 **土豆西蓝花泥**　　 **土豆豌豆泥**

🍲 **准备材料**

▫ 土豆70克，西蓝花10克

🍲 **准备材料**

▫ 土豆50克，豌豆30克

 1. 土豆煮熟后碾碎。

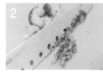 2. 用沸水焯一下西蓝花，将花部切碎。

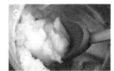 3．将第一步的土豆和第二步的西蓝花放在一起，用水来调节浓度后煮熟。

 1. 土豆煮熟后碾碎。

 2. 豌豆煮熟后去皮。

 3. 将去皮的豌豆碾碎。

 4．将第一步的土豆和第三步的豌豆混在一起后用水来调节浓度，之后煮开。

*在添加辅食的初期，用类似于土豆、地瓜、南瓜等食材制泥的时候，虽然看起来很水润，但多少还是有些硬，因此孩子咽起来有时会比较困难。此时，加入一些水分较多的水果汁会比较好。

*请加入一些梨或者桃子等多汁水果。

		第一个月	第二个月
肉，鱼		鳕鱼肉	──
蔬菜		冬葵，胡萝卜，紫甘蓝，菠菜，甜菜，白菜，玉米，洋葱	韭菜，洋松菌，莲藕，红灯笼椒，萝卜，杏鲍菇，豆芽
水果		甜瓜，香蕉，桃子，果干（李子干、葡萄干）	无花果，菠萝，酪梨，干大枣
谷物		糯米	燕麦（燕麦片），大麦
乳制品		–	–
豆类和芝麻类		豆腐	菜豆
坚果类		–	栗子
其他		蛋清（整蛋）	–
过敏需要注意的食品		蛋清	–

中期
辅食

第一个月

豌豆·鳕鱼粥

在喂食新食材的时候为了能观察异常反应，最好上午的时候喂食。

因为这样有充足的时间来观察。

用鳕鱼做辅食的时候，买整条鱼只取鱼肉，

也可以做幼儿食用的无骨鳕鱼。

材料

- 浸泡好的大米20克
- 鳕鱼肉10克
- 豌豆15克

🥄 做法

1. 按照鳕鱼的纹理将肉撕下来。
2. 将撕下来的肉切碎。
3. 豌豆去皮煮熟后捣碎。
4. 将120毫升的肉汤倒入搅碎的大米中蒸煮，煮熟后加入2~3步的材料，用中火煮5~7分钟。

按照纹理撕口感会更好。

捣的时候不要太碎，要能够看到颗粒。

🍴 西蓝花·鳕鱼粥 8倍粥

【材料】浸泡好的大米20克，鳕鱼10克，冬葵10克。
【做法】取焯过西蓝花的花部切碎，按照"豌豆·鳕鱼粥"的顺序，将豌豆换成西蓝花即可。

🍴 卷心菜·西葫芦·西蓝花·鳕鱼粥 8倍粥

【材料】浸泡好的大米20克，鳕鱼10克，卷心菜5克，西葫芦10克，西蓝花5克。
【做法】取卷心菜的叶部和西蓝花的花部用沸水稍微焯一下后切碎，西葫芦去皮后切碎，按照"豌豆·鳕鱼粥"的顺序，将豌豆换成卷心菜、西葫芦、西蓝花即可。

5倍粥

胡萝卜·西蓝花·牛肉粥

· · · · · · · · · ·

开始食用胡萝卜之后，辅食的颜色开始变得美丽而多样。

食物的颜色变得多样说明孩子接触辅食更为多样，不仅会心情大好，

而且还会引发孩子对食物的兴趣。

随着步入中期，牛肉的量也从8克增加到10克。

做法

1. 胡萝卜去皮后用沸水稍微焯一下切碎。

2. 西蓝花用沸水稍微焯一下后切碎。

3. 将100毫升的肉汤倒入搅碎的大米中蒸煮，煮熟后加入捣碎的牛肉和1~2步中的材料，用中火煮5~7分钟。

胡萝卜·西葫芦·牛肉粥

【材料】浸泡好的大米20克，牛肉10克，胡萝卜10克，西葫芦10克。

【做法】西葫芦去皮后沸水稍微焯一下切碎，按照"胡萝卜·西蓝花·牛肉粥"的顺序，将西蓝花换成西葫芦即可。

胡萝卜·豌豆·牛肉粥

【材料】浸泡好的大米20克，牛肉10克，胡萝卜10克，豌豆10克。

【做法】豌豆去皮煮熟后切碎，按照"胡萝卜·西蓝花·牛肉粥"的顺序，将西蓝花换成豌豆即可。

胡萝卜·黄瓜·牛肉粥

【材料】浸泡好的大米20克，牛肉10克，胡萝卜10克，黄瓜10克。

【做法】黄瓜去皮切碎，按照"胡萝卜·西蓝花·牛肉粥"的顺序，将西蓝花换成黄瓜即可。

南瓜·黄瓜·牛肉粥

 由于进入添加辅食中期已有一段时间了，因此在添加南瓜的时候可以不用臼了。

在制作辅食的过程中一定要注意，

虽然还没有长牙，也要尽量让孩子适应颗粒的质感。

材料

- 浸泡好的大米20克
- 牛肉10克
- 南瓜10克
- 黄瓜10克

🥄 做法

1. 南瓜用蒸锅蒸熟后去皮切碎。

2. 黄瓜去皮切碎。

3. 将100毫升的肉汤倒入搅碎的大米中蒸煮，煮熟后加入捣碎的牛肉和1~2步中的材料，用中火煮5~7分钟。

 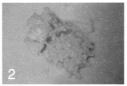 

🍴 南瓜·梨·牛肉粥

【材料】浸泡好的大米20克，牛肉10克，南瓜10克，梨10克。

【做法】梨去皮后切碎，按照"南瓜·黄瓜·牛肉粥"的顺序，将黄瓜替换成梨即可。

🍴 南瓜·卷心菜·牛肉粥

【材料】浸泡好的大米20克，牛肉10克，南瓜10克，卷心菜10克。

【做法】用沸水将卷心菜的叶部稍微焯一下切碎，按照"南瓜·黄瓜·牛肉粥"的顺序，将黄瓜替换成卷心菜即可。

🍴 南瓜·西蓝花·卷心菜·牛肉粥

【材料】浸泡好的大米20克，西蓝花5克,牛肉10克，南瓜5克，卷心菜10克。

【做法】用沸水焯一下西蓝花的花部和卷心菜的叶部后切碎，按照"南瓜·黄瓜·牛肉粥"的顺序，将黄瓜替换成卷心菜和西蓝花即可。

菠菜·牛肉粥

 菠菜的功效及所含的维生素是十分多样的。

含维生素A、B族维生素$_1$、B族维生素$_2$、维生素C，此外还富含钙和铁。

菠菜是蔬菜中含维生素A最多的，菠菜中丰富的铁和叶酸可以预防贫血，

味道并不是很浓烈，因此将它介绍给孩子吃菠菜是再好不过的了。

🥄 做法

1. 将菠菜泡在撒有发酵苏打的水中3~5分钟，之后用流动的水洗净。

2. 取菠菜叶用沸水稍微焯一下后再用冷水冲一下。

3. 待水控净后切碎。

4. 将100毫升的肉汤倒入搅碎的大米中蒸煮，煮熟后加入捣碎的牛肉和第三步中的菠菜，用中火煮5~7分钟。

哇，现在连菠菜也能吃了吗? 我会变得像大力水手一样有力量的

🍴 菠菜·地瓜·牛肉粥

【材料】浸泡好的大米20克，牛肉10克，菠菜10克，地瓜10克。

【做法】地瓜煮熟后去皮碾碎，按照"菠菜·牛肉粥"的制作顺序，与牛肉一起放入即可。

🍴 菠菜·西葫芦·豌豆·牛肉粥

【材料】浸泡好的大米20克，西葫芦5克，豌豆5克，牛肉10克，菠菜10克。

【做法】西葫芦切碎，豌豆煮熟后去皮切碎，按照"菠菜·牛肉粥"的制作顺序，与牛肉一起放入即可。

玉米·牛肉粥

. . . .

进入添加辅食中期后已经有了一定的进展，胜雅也已经开始适应了，
大米可以从20克增加到30克。金黄色的玉米6月份收获。由于黏玉米的收获季节是7~8
月份，因此最好应季的时候就准备好这些食材。
只使用玉米粒来制作辅食，如果弄不好的话会有危险，
因此碾的时候需要注意一下。

🥄 做法

1. 玉米粒煮熟后捞出来。

2. 煮熟的玉米去皮后碾碎。

3. 将100毫升的肉汤倒入搅碎的大米中蒸煮，煮熟后加入捣碎的牛肉和第二步中的玉米，用中火煮5~7分钟。

🕐 材料

- 浸泡好的大米20克
- 牛肉10克
- 玉米10克

  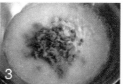

🍴玉米·西蓝花·牛肉粥

【材料】浸泡好的大米30克，牛肉10克，玉米10克，西蓝花10克。

【做法】用沸水将西蓝花的花部稍微焯一下后切碎，然后按照"玉米·牛肉粥"的顺序，与牛肉一起放入即可。

🍴玉米·鸡蛋·牛肉粥

【材料】浸泡好的大米20克，牛肉10克，玉米10克，鸡蛋15克。

【做法】打好鸡蛋去除蛋黄细带后，按照"玉米·牛肉粥"的顺序煮，煮到一定程度的时候加入鸡蛋。

🍴玉米·土豆·牛肉粥

【材料】浸泡好的大米30克，牛肉10克，玉米10克，土豆10克。

【做法】土豆蒸熟后用刀背压碎，然后按照"玉米·牛肉粥"的顺序，与牛肉一起放入即可。

5倍粥

小白菜·豆腐·牛肉粥

· · · · · · ·

小白菜与豆腐广泛应用于中餐的炒菜、韩餐的汤、西餐的沙拉等
菜式。在给胜雅选择辅食食材的时候，
脑海中经常会出现成人食物的组合。
而且大部分都很成功。

🥄 做法

1. 取小白菜叶用沸水焯一下后切碎。

2. 将一部分豆腐用刀背压碎。

3. 另一部分豆腐切成碎块。

4. 将150毫升的肉汤倒入搅碎的大米中蒸煮，煮熟后加入捣碎的牛肉和2~4步中的材料，用中火煮5~7分钟。

🥗 材料

- 浸泡好的大米20克
- 牛肉10克
- 豆腐10克
- 鸡蛋1个

🍴 小白菜·玉米·李子·牛肉粥

【材料】浸泡好的大米30克，牛肉10克，小白菜10克，玉米10克，李子5克。

【做法】玉米煮熟去皮后切碎，李子去皮后切碎，然后按照"小白菜·豆腐·牛肉粥"的顺序，用小白菜、玉米、李子代替豆腐即可。

🍴 小白菜·花椰菜·鸡肉粥

【材料】浸泡好的大米30克，鸡肉10克，小白菜10克，花椰菜10克。

【做法】花椰菜用沸水稍微焯一下，将花部切碎，然后按照"小白菜·豆腐·牛肉粥"的顺序，用花椰菜代替豆腐，鸡肉煮熟切碎后代替牛肉即可。

🍴 小白菜·豌豆·鸡肉粥

【材料】浸泡好的大米30克，鸡肉10克，小白菜10克，豌豆10克。

【做法】豌豆去皮煮熟后切碎，然后按照"小白菜·豆腐·牛肉粥"的顺序，用豌豆代替豆腐，鸡肉煮熟切碎后代替牛肉即可。

西蓝花·卷心菜·鸡肉粥

被称为"绿色花卷心菜"的西蓝花是一种百搭的食材。

与卷心菜、胡萝卜、土豆等都很搭调。

在制作辅食的时候只是看绿色的颗粒，似乎都会变健康。

虽然茎部的营养价值和食物纤维的含量也很高，但为了不给孩子的胃造成负担，

还是只使用花部为好。

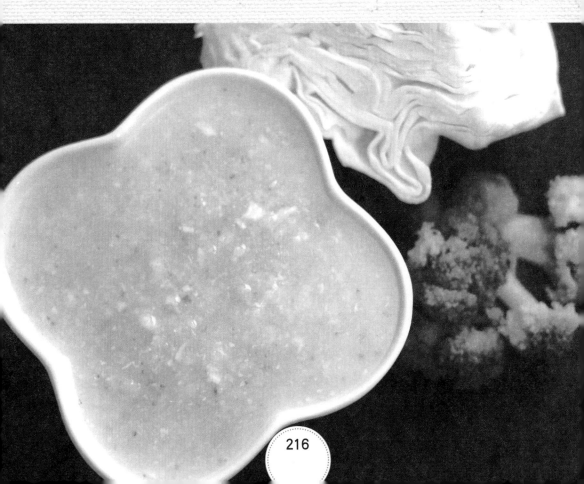

材料

- 浸泡好的大米30克
- 鸡肉10克
- 西蓝花10克
- 卷心菜10克

1. 西蓝花用沸水稍微焯一下后取花部切碎。

2. 取卷心菜的叶部用沸水稍微焯一下后切碎。

3. 将150毫升的肉汤倒入搅碎的大米中蒸煮，煮熟后加入捣碎的鸡肉和1~2步中的材料，用中火煮5~7分钟。

看起来就感觉很健康的绿色颗粒

🍴 西蓝花·胡萝卜·鸡肉粥

【材料】浸泡好的大米30克，鸡肉10克，西蓝花10克，胡萝卜10克。

【做法】胡萝卜用沸水稍微焯一下后切碎，然后按照"西蓝花·卷心菜·鸡肉粥"的顺序，用胡萝卜代替卷心菜即可。

🍴 西蓝花·卷心菜·土豆·鸡肉粥

【材料】浸泡好的大米30克，卷心菜5克，土豆5克，鸡肉10克，西蓝花10克。

【做法】土豆煮熟后一部分切成小块，一部分压碎，然后按照"西蓝花·卷心菜·鸡肉粥"的顺序，与鸡肉一起放入即可。

5倍粥

洋葱·西蓝花·牛肉粥

洋葱有助于维生素的吸收，因此可以与富含维生素的蔬菜一起搭配食用。
虽然会觉得洋葱作为食材可能会有一定的刺激，
但是处理好的话，其实没有比圆葱更甜香的食材了。
加入洋葱的话，孩子会品尝到比之前辅食美味好几倍的味道。

🍴 做法

1. 洋葱去皮用煮熟后切成条。

2. 将切成条的洋葱切碎。

3. 西蓝花用沸水稍微焯一下后将花部切碎。

4. 将150毫升的肉汤倒入搅碎的大米中蒸煮，煮熟后加入捣碎的牛肉和2~3步中的材料，用中火煮5~7分钟。

🍱 材料

- 浸泡好的大米30克
- 牛肉10克
- 洋葱10克
- 西蓝花10克

洋葱竟然会这么
美味香甜

🍴 洋葱·小白菜·牛肉粥

【材料】浸泡好的大米30克，牛肉10克，洋葱10克，小白菜10克。

【做法】小白菜取叶用沸水稍微焯一下后切碎，然后按照"洋葱·西蓝花·牛肉粥"的顺序，用小白菜替代西蓝花即可。

🍴 洋葱·西葫芦·牛肉粥

【材料】浸泡好的大米30克，牛肉10克，洋葱10克，西葫芦10克。

【做法】西葫芦蒸熟后切碎，然后按照"洋葱·西蓝花·牛肉粥"的顺序，用西葫芦替代西蓝花即可。

5倍粥

空心菜·胡萝卜·牛肉粥

· · · · · · · · ·

空心菜是种植于中国南方与东南亚地区的蔬菜。
它可以像菠菜一般焯着吃，或者拌着吃。
曾用它给胜雅做过辅食。

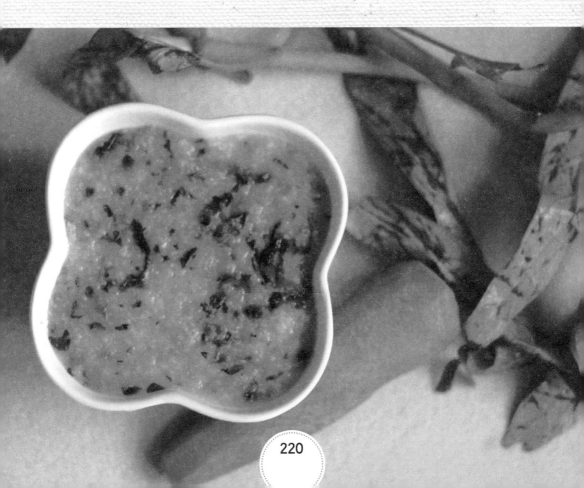

🍴 做法

1. 空心菜用撒有发酵苏打的水泡一下后洗净。
2. 取洗净后的空心菜菜叶。
3. 空心菜叶部用沸水焯一下后切碎。
4. 胡萝卜用沸水稍微焯一下后切碎。
5. 将150毫升的肉汤倒入搅碎的大米中蒸煮，煮熟后加入捣碎的牛肉和第3~4步中的材料，用中火煮5~7分钟。

⚖ 材料

- 浸泡好的大米30克
- 牛肉10克
- 空心菜10克
- 胡萝卜10克

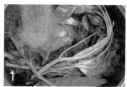
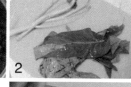
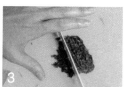

妈妈，到吃辅食的时间了吗

由于加入了胡萝卜与空心菜，看起来很有质感

🍴 空心菜·胡萝卜·洋葱·牛肉粥

5倍粥

【材料】浸泡好的大米30克，牛肉10克，空心菜10克，胡萝卜10克，洋葱5克。
【做法】洋葱用沸水稍微焯一下后切碎，然后按照"空心菜·胡萝卜·牛肉粥"的顺序，与牛肉一起放入即可。

第二个月

菠萝·南瓜·西蓝花·鸡肉粥

此时，需要切成块状的颗粒大小都已经变成了3毫米。

在研磨米粒的时候也可以使之呈现米饭的形态。

菠萝可以让辅食更加爽口，而且含有可以分解蛋白质的菠萝蛋白酶，有助于消化。

最好是在粥要做好的时候加入菠萝更为合适。

🥄 做法

1. 菠萝去皮后切成3毫米大小。

2. 南瓜蒸熟后碾碎。

3. 西蓝花用沸水稍微焯一下后切成3毫米大小。

4. 将150毫升的肉汤倒入搅碎的大米中蒸煮，煮熟后加入捣碎的牛肉和第三步中的西蓝花，用中火煮7~10分钟后再加入1~2步中的材料搅拌一次。

⚖ 材料

▫ 浸泡好的大米30克

▫ 牛肉10克

▫ 菠萝10克

▫ 南瓜10克

▫ 西蓝花10克

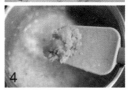

菠萝的加入让粥更为爽口

等待着辅食时间的到来

🍴 菠萝·洋葱·苹果·牛肉粥

【材料】浸泡好的大米30克，洋葱5克，牛肉10克，菠萝10克，苹果10克。

【做法】洋葱和苹果切成3毫米大小后按照"菠萝·南瓜·西蓝花·牛肉粥"的顺序，将西蓝花和南瓜换成洋葱和苹果，与牛肉一起加入即可。

5倍粥

口蘑·西葫芦·鸡肉粥

由于现在需要开始为进入添加辅食后期而准备了，因此颗粒的大小有所加大。

随着颗粒大小的变大，烹饪的时候也相应需要增加，这样才能让孩子充分吸收。

菌类是无机物和蛋白质均衡体。

口蘑是菌类中蛋白质含量最高的。

最重要的是与其他菌类相比，其口感柔软，

因此成为最适合给孩子添加的菌类。

⚲ 做法

1. 取口蘑头部，去皮后切成3毫米大小。

2. 西葫芦切成3毫米大小。

3. 将150毫升的肉汤倒入搅碎的大米中蒸煮，煮熟后加入捣碎的鸡肉和1~2步中的材料，用中火煮7~10分钟。

 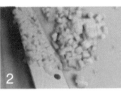 

🍴 口蘑·菠萝·鸡肉粥

【材料】浸泡好的大米30克，鸡肉10克，口蘑10克，菠萝10克。

【做法】菠萝切成3毫米大小后按照"口蘑·西葫芦·鸡肉粥"的顺序，将西葫芦换成菠萝，放入其他食材后煮，快好的时候再加入菠萝即可。

🍴 口蘑·土豆·鸡肉粥

【材料】浸泡好的大米30克，鸡肉10克，口蘑10克，土豆10克。

【做法】土豆切成3毫米大小后按照"口蘑·西葫芦·鸡肉粥"的顺序，将西葫芦换成土豆，牛肉煮好后切碎代替鸡肉。

🍴 口蘑·西蓝花·地瓜·牛肉粥

【材料】浸泡好的大米30克，牛肉10克，口蘑10克，西蓝花5克，地瓜10克。

【做法】西蓝花用沸水超过后切成3毫米大小，地瓜蒸熟后一部分切成3毫米大小，余下部分用刀背压碎，然后按照"口蘑·西葫芦·鸡肉粥"的顺序，将西葫芦换成西蓝花和地瓜，牛肉蒸熟后切碎代替鸡肉。

5倍粥

红灯笼椒·鸡肉粥

红灯笼椒生吃的话会尝到甜味和些许的辣味，

而且还能散发出类似于黄瓜的清香感。

将红灯笼椒煮一下会去掉辣味，只留甜味和清香感，因此非常适合做辅食。

尤其他富含维生素C，颜色很绚烂，看起来让人非常享受。

🥄 做法

1. 红灯笼椒洗净去皮、去籽。

2. 将去皮的红灯笼椒切成3毫米大小。

3. 将150毫米的肉汤倒入搅碎的大米中蒸煮，煮熟后加入捣碎的鸡肉和二步中的红灯笼椒，用中火煮7~10分钟。

想吃辅食的心情好迫切啊

红灯笼椒让粥看起来花花绿绿的

🍴 红灯笼椒·花椰菜·鸡肉粥

【材料】浸泡好的大米30克，鸡肉10克，红灯笼椒10克，花椰菜10克。

【做法】花椰菜用沸水稍微焯一下后取花部，并切成3毫米大小，然后按照"红灯笼椒·鸡肉粥"的顺序，与鸡肉一起放入即可。

4倍粥

燕麦·牛肉·牛奶粥

将研磨好的大米放到牛奶中煮的粥被称为"牛奶粥"。
燕麦虽然坚硬粗糙，但如果用水泡一下的话就会变软，用手压即能压破。

做法

1. 前一天晚上将燕麦泡上，泡好后用搅拌机搅成适当大小。

2. 将120毫升的肉汤倒入搅碎的大米和燕麦中蒸煮，煮熟后加入捣碎的牛肉，用中火煮5分钟左右。

3. 将配方奶（母乳）倒入沸腾的辅食中，再煮5分钟左右，直至熟透。

材料

- 浸泡好的大米20克
- 浸泡好的燕麦15克
- 牛肉10克
- 配方奶（母乳）100毫升

美味的牛奶粥。

如果过早加入配方奶（母乳）的话会让粥变得过于黏稠不易熟。

浸泡前的燕麦

浸泡后的燕麦

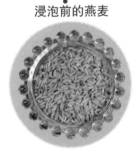

南瓜·牛肉·牛奶粥

【材料】浸泡好的大米30克，牛肉10克，南瓜20克，配方奶（母乳）100毫升。

【做法】南瓜蒸熟后用刀背压碎，然后按照"燕麦·牛肉·牛奶粥"的顺序，与牛肉一起放入，同时用大米代替燕麦即可。

红灯笼椒·黄瓜·牛肉粥

红灯笼椒富含维生素A和维生素C。

尤其是维生素C的含量是柠檬的两倍，番茄的5倍。

大家可以将花花绿绿的红灯笼椒添加给自己的孩子。

🥄 做法

1. 黄瓜切成3毫米大小。

2. 红灯笼椒去皮后切成3毫米大小。

3. 将120毫升的肉汤倒入搅碎的大米中蒸煮，煮熟后加入捣碎的牛肉和第1~2步中的材料，用中火煮7~10分钟。

红灯笼椒的加入使粥看起来很漂亮

🍴 红灯笼椒·地瓜·牛肉粥

【材料】浸泡好的大米30克，牛肉10克，红灯笼椒10克，地瓜10克。

【做法】地瓜蒸熟后一部分切成3毫米大小，余下的部分用刀背压碎，然后按照"红灯笼椒·黄瓜·牛肉粥"的顺序，用地瓜代替黄瓜即可。

🍴 红灯笼椒·西葫芦·牛肉粥

【材料】浸泡好的大米30克，牛肉10克，红灯笼椒10克，西葫芦10克。

【做法】西葫芦切成3毫米大小后按照"红灯笼椒·黄瓜·牛肉粥"的顺序，用西葫芦代替黄瓜即可。

4倍粥

小白菜·苹果·牛肉粥

· · · · · · · · · · · ·

小白菜非常适合与苹果、橘子等水果一起使用。

水果与略微发苦的叶菜一起做粥的话，会让粥更加的爽口。

🍴 做法

1. 小白菜取叶用沸水稍微焯一下，然后切成3毫米大小。

2. 苹果去皮后切成3毫米大小。

3. 将120毫升的肉汤倒入搅碎的大米中蒸煮，煮熟后加入捣碎的牛肉和第1~2步中的材料，用中火煮7~10分钟。

⚖️ 材料

- 浸泡好的大米30克
- 牛肉10克
- 小白菜10克
- 苹果10克

吃得好撑啊

小白菜与苹果真的是非常搭调啊

🍴 小白菜·香蕉·牛肉粥

【材料】浸泡好的大米30克，小白菜5克，洋葱5克，牛肉10克，香蕉10克。

【做法】洋葱用沸水稍微焯一下后切成3毫米大小，香蕉一部分压碎，余下部分切成3毫米大小，然后按照"小白菜·苹果·牛肉粥"的顺序，将苹果换成洋葱和香蕉即可。

4倍粥

菠菜·紫甘蓝·鸡肉粥

大家是否对于做辅食的时候菠菜需要焯一下存在疑惑呢？
这是因为如果菠菜中的水溶性有机酸不焯一下的话，
会与钙结合变成不溶解的草酸钙，这是形成结石的原因。
稍微焯一下能够去除水溶性有机酸。

材料

- 浸泡好的大米30克
- 鸡肉10克
- 菠菜10克
- 紫甘蓝10克

🥄 做法

1. 菠菜取叶。

2. 菠菜和紫甘蓝用沸水稍微焯一下。

3. 将焯过的菠菜切成3毫米大小。

4. 将焯过的紫甘蓝切成3毫米大小。

5. 将120毫升的肉汤倒入搅碎的大米中蒸煮，煮熟后加入捣碎的鸡肉和3~4步中的材料，用中火煮7~10分钟。

吃了菠菜会更健康

含有菠菜的健康辅食

4倍粥

酪梨·西蓝花·牛肉粥

源自森林的酪梨是富含维生素和矿物质的热带水果。
其中含有能够形成优质脂肪的不饱和脂肪酸——酪梨酸。
从营养学的角度来看是非常出色的食材。

材料

- 浸泡好的大米30克
- 牛肉10克
- 酪梨10克
- 西蓝花10克

🥄 做法

1. 酪梨去皮、去籽后切成3毫米大小。

2. 西蓝花用沸水焯过后取花部切成3毫米大小。

3. 将120毫升的肉汤倒入搅碎的大米中蒸煮，煮熟后加入捣碎的鸡肉和第1~2步中的材料，用中火煮7~10分钟。

🍴 酪梨·口蘑·牛肉粥

4倍粥

【材料】浸泡好的大米30克，牛肉10克，口蘑10克，酪梨15克。

【做法】口蘑去除头部的皮后切成3毫米大小，然后按照"酪梨·西蓝花·牛肉粥"的顺序，将西蓝花换成口蘑即可。

🍴 酪梨·黄瓜·鸡肉粥

4倍粥

【材料】浸泡好的大米30克，鸡肉10克，黄瓜10克，酪梨15克。

【做法】黄瓜切成3毫米大小，然后按照"酪梨·西蓝花·牛肉粥"的顺序，将西蓝花换成黄瓜，鸡肉煮熟切碎后代替牛肉即可。

🍴 酪梨·香蕉·洋葱·鸡肉粥

4倍粥

【材料】浸泡好的大米30克，洋葱5克，鸡肉10克，香蕉10克，酪梨15克。

【做法】香蕉切成3毫米大小，洋葱用沸水焯好后切成3毫米大小，然后按照"酪梨·西蓝花·牛肉粥"的顺序，将西蓝花换成香蕉和洋葱，鸡肉煮熟切碎后代替牛肉即可。

栗子·牛肉粥

栗子属于坚果类。既然是坚果类，就没有必要过晚喂食。

但如果孩子是过敏体质的话会比较脆弱，因此喂食的时候一定要多加注意。

这类食材过早或过晚喂食都比较危险。

因为得加倍小心，所以在添加辅食中期的后半段以后，可以少量尝试。

尤其是栗子属于营养均衡的食材，因此做成栗子粥对于孩子来说是非常好的营养食品。

然而，由于它属于坚果类，因此不能整颗喂食。

🥄 做法

🗒 材料

- 浸泡好的大米30克
- 牛肉10克
- 栗子10克

1. 栗子去皮后浸泡在水里。

2. 将浸泡好的栗子再次去皮。

3. 将去皮后的栗子切成3毫米大小。

4. 将120毫升的肉汤倒入搅碎的大米中蒸煮，煮熟后加入捣碎的鸡肉和第三步中的栗子，用中火煮7~10分钟。

我已经做好开吃的准备啦

🍴 栗子·鸡蛋·鸡肉粥

【材料】浸泡好的大米30克，鸡肉10克，栗子10克，鸡蛋1个。

【做法】鸡肉煮熟后切碎，然后按照"栗子·鸡肉粥"的顺序，用鸡肉代替牛肉放进去煮，然后加入去除了蛋清的鸡蛋再煮5分钟左右。

🍴 栗子·西蓝花·胡萝卜·鸡肉粥

【材料】浸泡好的大米30克，胡萝卜5克，鸡肉10克，栗子10克，西蓝花10克。

【做法】鸡肉煮熟后切碎，然后按照"栗子·鸡肉粥"的顺序，用鸡肉代替牛肉放进去煮，取西蓝花的花部，与胡萝卜一起用沸水焯一下后切成3毫米大小，然后与鸡肉一起放入即可。

241

大枣·地瓜·鸡肉粥

请使用干大枣，而不要使用鲜枣。半生不熟的大枣会引发腹泻。

加入大枣的辅食会散发出甜甜的味道，因此深受孩子的欢迎。

🍳 做法

材料

- 浸泡好的大米30克
- 鸡肉10克
- 大枣10克
- 地瓜10克

1. 将洗净的大枣用水煮，直至不会呈现皱巴巴的样子后去皮。

2. 将去了皮的大枣去核，然后切成3毫米大小。

3. 地瓜蒸熟后碾碎。

4. 将120毫升的肉汤倒入搅碎的大米中蒸煮，煮熟后加入捣碎的鸡肉和2~3步中的材料，用中火煮7~10分钟。

香甜的大枣地瓜鸡肉粥

煮过之后膨胀的大枣

🍴 大枣·苹果·牛肉粥

4倍粥

【材料】浸泡好的大米30克，牛肉10克，大枣10克，苹果10克。

【做法】苹果去皮后切成3毫米大小，然后按照"大枣·地瓜·鸡肉粥"的顺序，将地瓜换成苹果，牛肉煮好切碎后替换鸡肉加入即可。

糯米·菜豆·豌豆·牛肉粥

与豆子最搭调的食材当属大米。

人体所必需的氨基酸——赖氨酸含量较低，而蛋氨酸含量较高的大米与

与之正好相反的豆类一起食用的话，蛋白质的营养状态会变得非常好。

由于富含蛋白质，因此如果喂给不喜欢吃辅食的孩子的话，豆粥是最好的选择。

菜豆与豌豆在豆类中属于质感柔软，味道也比较好，因此很适合作辅食的食材。

大家可以尝试在夏季的时候，用这两种豆子与糯米一起搭配制作夏季营养餐。

🥄 做法

1. 菜豆和豌豆用水泡一会。
2. 将泡好的菜豆去皮。
3. 将泡好的豌豆去皮。
4. 将去皮的菜豆和豌豆切成3毫米大小。
5. 将120毫升的肉汤倒入搅碎的大米和糯米中蒸煮，煮熟后加入捣碎的牛肉和第四步中的豆子，用中火煮7~10分钟。

在用刀切之前，先用刀背挤压一下会更容易切。

🍴 糯米·梨·牛肉粥

【材料】浸泡好的大米30克，浸泡好的糯米10克，牛肉10克，梨20克。
【做法】梨去皮后切成3毫米大小，然后按照"糯米·菜豆·豌豆·牛肉粥"的顺序，将菜豆和豌豆换成梨即可。

🍴 糯米·大枣·栗子·牛肉粥

【材料】浸泡好的大米30克，浸泡好的糯米10克，牛肉10克，大枣10克，栗子10克。
【做法】大枣用水煮过后去皮，切成3毫米大小，栗子去皮后切成3毫米大小，然后按照"糯米·菜豆·豌豆·牛肉粥"的顺序，将菜豆和豌豆换成大枣和栗子即可。

洋葱·菠菜·牛肉粥

虽然给孩子喂食多样的食材是好事，
但最好还是用到目前为止所介绍过的食材合理搭配制作出来，
从中找到孩子最喜欢的食材。

🥄 做法

1. 洋葱用水焯过后切成3毫米大小。

2. 菠菜取叶用沸水稍微焯一下后切成3毫米大小。

3. 将120毫升的肉汤倒入搅碎的大米中蒸煮，煮熟后加入捣碎的牛肉和1~2步中的材料，用中火煮7~10分钟。

⚖ 材料

- 浸泡好的大米30克
- 牛肉10克
- 菠菜10克
- 洋葱15克

吃饱了

添加辅食中期结束了

🍴 洋葱·苹果·牛肉粥

【材料】浸泡好的大米30克，牛肉10克，大枣10克，苹果10克。

【做法】黄瓜切成3毫米大小后按照"洋葱·菠菜·牛肉粥"的顺序，将菠菜换成黄瓜，煮5分钟左右加入去除了蛋黄卵带的鸡蛋后再煮5分钟左右。

中期
间食

🍠 地瓜泥　　🍎 地瓜苹果泥

🗑 准备材料	🗑 准备材料
▫ 地瓜80克	▫ 地瓜60克，苹果20克

1. 地瓜放入蒸锅蒸。

2. 去皮舂碎。

吧嗒吧嗒

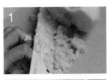

1. 将一部分苹果切碎。

2. 余下的部分用擦板擦。

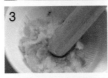

3. 地瓜蒸熟后舂碎。

4. 将1~3步中的材料混合在一起。

*与糊糊不同，泥只需要将蒸过的蔬菜和水果轻轻挤压即可，而不需要加水过后再次加热。

*苹果需要像添加辅食中期时那样处理，如果孩子对泥状间食不适应或者是吃起来比较困难，最好都像第二步一样用擦板擦。

 # 南瓜泥　　　 # 豌豆泥

准备材料

▫ 南瓜80克

准备材料

▫ 豌豆80克

1. 南瓜切成块放到蒸锅里蒸。

1. 豌豆用水浸泡1天左右。

2. 去皮。

2. 将浸泡好的豌豆去皮后备用。

3. 舂碎。

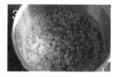
3. 用水煮熟。

4. 去水后舂碎。

*南瓜在蒸过之后没有土豆硬，而且甜度适中，孩子会更容易接受。

*如果豌豆很难去皮的话，可以先用沸水稍微煮一下然后再去皮。

香蕉苹果泥　　🍲 南瓜香蕉苹果泥

🥫 准备材料

▫ 香蕉40克，苹果40克

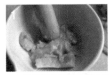 1.香蕉一部分春碎。

 2.余下部分切碎。

 3.苹果一部分用擦板擦。

 4.余下部分切碎后加入1～3步的材料混合。

*有机水果店卖的变黄色或者还是绿色的香蕉，这些香蕉需要放一阵，待完全熟透之后再使用。等上面出现黑斑的时候说明香蕉成熟了，可以吃了。

🥫 准备材料

▫ 南瓜25克，香蕉30克，苹果25克

 1.南瓜蒸熟后切碎。

 2.苹果一部分用擦板擦，余下部分切碎。

 3.香蕉一部分切碎。

 4.余下的香蕉用叉子叉碎后加入1～3步的材料混合。

*只需要想着在"香蕉苹果泥"中加入南瓜即可。

好好吃

西瓜甜菜泥

准备材料

□ 西瓜50克，甜菜30克

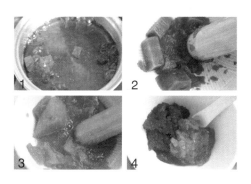

1. 甜菜切成块儿后用沸水煮。
2. 将煮好的甜菜舂碎。
3. 西瓜用漏勺挤压，去除汁水，只使用果肉。
4. 将2~3步的材料混合在一起。

*用筷子插一下甜菜，如果很顺利地能够穿透，
 说明甜菜已经煮熟了。

南瓜李子干泥

地瓜李子干泥

准备材料

□ 南瓜60克,李子干2~3个

准备材料

□ 地瓜60克,李子干2~3个

  1. 南瓜蒸熟后舂碎。

 1. 李子干切碎。

 2. 李子干切碎。

 2. 地瓜蒸熟后用刀背压碎。

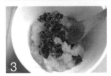 3. 将1~2步的材料搅拌均匀。

 3. 将1~2步的材料搅拌均匀。

*市场上卖的很多李子干中都含有山梨酸等合成
添加剂,因此在选择的时候一定要看好,要选
那种无糖、无添加的品种。李子干本身含有的
糖分就已经足够甜了。

*李子干要选那种按起来不那么粗糙、坚硬的,
里面含有充足水分的品种。

南瓜大枣泥

📦 准备材料
▫ 南瓜80克，大枣 5~6个

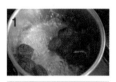
1. 大枣用撒有发酵苏打的水浸泡后洗净，然后煮至表皮没有褶皱后捞出备用。

2. 将煮好的大枣去皮。

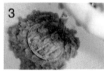
3. 将去皮的大枣压碎。

4. 南瓜蒸熟后去皮春碎，然后加入第三步的大枣。

*之所以往辅食中添加干枣是因为鲜枣容易引发孩子腹泻。

 # 栗子苹果泥

📦 准备材料
▫ 栗子50克，苹果30克

1. 栗子煮熟后春碎。

2. 苹果一部分用擦板擦成泥。

3. 余下的部分切碎。

4. 将1~3步的材料混合在一起。

*栗子与其他坚果相比脂肪含量低，因此如果只喂食栗子的话会因味道苦涩而呛到，所以，要和水分较多的水果一起喂食。

 ## 土豆西蓝花鸡肉浓汤

 ## 口蘑西蓝花苹果浓汤

 🏺 准备材料

▫ 鸡肉10克，土豆40克，西蓝花15克，配方奶（母乳）100毫升

🏺 准备材料

▫ 口蘑10克，苹果20克，西蓝花15克，50毫升配方奶（母乳）100毫升

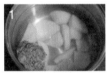 1. 土豆和鸡肉煮熟，西蓝花稍微焯一下。

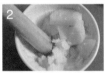 2. 煮好的土豆舂碎。

 3. 西蓝花取头部切碎。

 4. 将配方奶（母乳）煮沸后放入煮好切碎的鸡肉，然后再放入2~3步的材料，再煮5~7分钟即可。

★煮到黏稠即可，不要太稀。

 1. 取去皮后的口蘑伞部切碎。

 2. 将一部分苹果切碎。

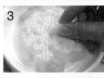 3. 余下部分用擦板擦。

 4. 将配方奶（母乳）煮沸后放入1~3步的材料，再煮5~7分钟即可。

★用擦板擦苹果是为了提升汤的风味。口蘑西蓝花苹果汤能够散发出甜美的香味。由于没有选用含淀粉的食材，因此做出来的汤也不会太黏稠。

美味的浓汤～～

南瓜洋葱苹果浓汤

🛍 准备材料

▫ 南瓜60克，洋葱10克，苹果20克，配方奶（母乳）100毫升

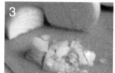
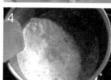

1. 南瓜蒸熟后用刀背压碎。

2. 苹果切碎。

3. 洋葱也切碎。

4. 将配方奶（母乳）煮沸后放入1~3步的材料，再煮5~7分钟即可。

＊这款汤也十分符合成人的口味，胜雅当时非常喜欢吃。

 # 地瓜苹果蒸糕

准备材料

▫ 地瓜40克，苹果40克，米粉30克

 # 菠萝地瓜蒸糕

准备材料

▫ 菠萝30克，红瓤地瓜70克，米粉30克

 1. 地瓜放入烤箱烤。

 2. 将烤过的地瓜和苹果切碎。

 3. 将米粉均匀撒入第二步的材料中，轻轻糅合。

 4. 在蒸锅中铺上棉布，将第三步的材料倒入，直到米粉蒸熟为止。

 1. 菠萝去皮后将果肉切碎末。

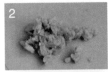 2. 地瓜蒸熟后碾碎。

 3. 将1~2步的材料混合后均匀撒入米粉，轻轻糅合。

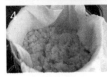 4. 在蒸锅中铺上棉布，将第三步的材料倒入，直到米粉蒸熟为止。

*如果想让它不那么干，可以在材料中撒入一些水之后再蒸。处于添加辅食中期阶段的孩子，可以喂食一点不添加水分、酥松的蒸糕。

*在制作这款蒸糕的时候需要选用不酸、糖度较高的菠萝。

258

萝卜甜瓜蒸糕　 南瓜酪梨苹果蒸糕

🔲 准备材料

▫ 萝卜40克，甜瓜40克，米粉40克

🔲 准备材料

▫ 南瓜30克，酪梨30克，苹果30克，米粉30克

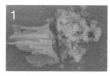 1. 萝卜去皮煮熟后切碎。

 2. 甜瓜去皮后切碎。

 3. 将1~2步的材料混合，然后均匀撒入米粉搅和。

 4. 在蒸锅中铺上棉布，将第三步的材料倒入其中，直到米粉蒸熟为止。

 1. 南瓜蒸熟后切碎。

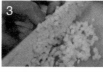 2. 酪梨切碎。

 3. 苹果切碎。

4. 将1~3步的材料混合后均匀撒入米粉糅合。然后在蒸锅中铺上棉布，直至米粉蒸熟为止。

*萝卜和甜瓜是属于水分比较多的食材，需要多用些米粉。萝卜煮熟后会发出甜味，因此这款蒸糕非常美味。

*酪梨的表皮越深说明熟得越透，因此需要选用皮是深颜色的酪梨。

 # 甜瓜淀粉冻

 # 桃子淀粉冻

准备材料

▫ 甜瓜80克, 淀粉2大勺

准备材料

▫ 桃子80克, 淀粉2大勺

1. 一部分甜瓜用搅拌机搅拌均匀。

2. 余下的甜瓜切碎。

3. 将1~2步的甜瓜放入小锅煮, 分多次撒入淀粉后煮5分钟左右至柔软。

4. 用漏勺过滤后装入小容器中, 放入冰箱冷藏1小时左右。

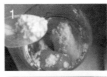

1. 桃子去皮后撒入淀粉用搅拌机搅。

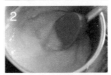

2. 将搅拌好的材料放入小锅煮, 直至柔软。

3. 将煮好的材料盛放到容器里, 放入冰箱冷藏30分钟左右。

*一般在做冻或羊羹的时候都会使用琼脂或明胶, 但这些原料在添加辅食中期使用还为时尚早。因此我们选用了淀粉作为替代。

*与甜瓜冻不同, 在制作桃子冻的时候刚开始就撒入面粉, 用搅拌机搅拌后再煮。桃子需要选用黄桃或白桃。

甜甜的果冻

 # 苹果淀粉冻

准备材料

▫ 苹果80克,淀粉2大勺

1. 将淀粉加入到去皮的苹果中,用搅拌机搅碎。

2. 将第一步的材料和50毫升水一起加入到小锅中煮沸。

3. 将煮好的材料盛放到容器或花样模具中。

4. 将盛装好的材料放到冰箱冷藏1小时左右。

*可能是由于冻类中水果所特有的糖度的原因,是胜雅最喜欢的食物之一。虽然它没有加入明胶和琼脂,但使用淀粉确实能做出非常出色的果冻。

无花果桃子汁　　　苹果胡萝卜果汁

准备材料

▫ 桃子50克，无花果30克

准备材料

▫ 苹果50克，胡萝卜30克

 1. 无花果去皮、去籽。

 2. 桃子去皮、去核。

 3. 将无花果和桃子切成块。

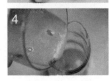 4. 将第三步的材料用搅拌机搅。

 1. 将苹果和胡萝卜去皮。

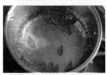 2. 胡萝卜用沸水稍微焯一下捞出备用。

 3. 苹果切成块后与第二步的胡萝卜一起放到搅拌机里，然后加入50毫升的水一起搅拌。

*在喂食果汁的时候，很多人都会将其中的果肉过滤出去，只给汁水。但其实果肉中含有纤维质、果胶以及碳水化合物等物质，因此与汁水一起喂食更为合适。

苹果红灯笼椒果汁

▫ 红灯笼椒30克，苹果70克

将去了皮的苹果和红灯笼椒放到搅拌机里，然后加入30毫升的水一起搅拌。

土豆黄瓜鸡蛋洋葱沙拉

准备材料

▫ 土豆10克，黄瓜10克，洋葱10克，鸡蛋1个

1.黄瓜去皮切碎。

2.洋葱切碎煮熟后用冷水冲一下，然后将水分滤出。

3.鸡蛋煮熟后将蛋清切碎，蛋黄在漏勺上碾碎。

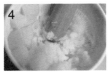
4.将土豆煮熟后舂碎，与1~3步的材料混合。

酪梨鸡蛋沙拉

准备材料

▫ 酪梨50克，鸡蛋1个

1.酪梨去皮、去籽后将一部分切碎。

2.余下的酪梨一部分用擦板擦成泥。

3.鸡蛋煮熟后将蛋清切成碎末。

4.蛋黄在漏勺上碾碎，然后与1~3步的材料混合。

*很意外胜雅非常喜欢吃这款沙拉。由于多少有点硬，做的时候可以加些水。

*味道香醇、口感极佳的间食。

 # 地瓜饼干

🍚 准备材料

▫ 地瓜40克，配方奶（母乳）20毫升（可根据浓度进行适当调节），淀粉两小勺。

1. 地瓜蒸熟后碾碎，均匀撒入淀粉后混合。

2. 放入配方奶（母乳）调和，直至将碗倒过来也不会掉下来的程度。

3. 将和好的材料放入到挤花袋中。

4. 挤出各种图案后放入到170度的烤箱中烤15分钟，烤制过程中需要翻一下面。

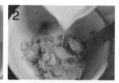

*虽然芯儿很软糯，但表皮很劲道。烤完之后也可以切成适当的大小。

 # 栗子蛋白甜饼

⚖ **准备材料**

▫ 栗子粉两大勺, 鸡蛋1个

1. 将蛋清冷却后盛入没有水的盆中。

2. 搅拌蛋清, 直至翻转过来也不会掉下来的程度来制作蛋白饼。

3. 将第二步的蛋白饼混入栗子粉进行糅合。

4. 将第三步的材料装入挤花袋, 挤出漂亮的形状后放入100度的烤箱烤制1个小时。

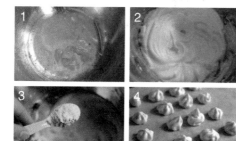

★蛋白饼是将蛋清打出沫后用烤箱低温烤制至松脆的程度。

 # 三色地瓜团子

准备材料

□ 红瓤地瓜1个，鸡蛋1个，苹果1/4个，玉米20粒

1. 红瓤地瓜煮熟后碾碎，攒成孩子能够捡着吃那么大的团子，然后在常温下干燥。

2. 玉米煮熟后去皮切碎，然后粘在第一步材料的表面。

3. 苹果也切碎粘在第一步材料的表面。

4. 煮熟后将蛋黄在漏勺上碾成粉末，然后粘在第一步材料的表面。

*蛋黄地瓜团子味道醇香，玉米地瓜团子很有嚼劲，苹果地瓜团子很爽口。

鸡蛋羹

🧂 准备材料

▫ 鸡蛋1个，鸡肉5克，鳕鱼肉5克，南瓜5克，胡萝卜5克，西葫芦5克

1. 鸡蛋搅碎后去除蛋清。

2. 将西葫芦、南瓜、胡萝卜切碎。

3. 鳕鱼肉蒸熟后切碎，鸡肉用沸水煮熟后切碎。

4. 将第二步的材料加入到1中，然后加入50毫升的肉汤后煮，若想让蛋羹看起来更丰富，可以用第三步的鳕鱼肉进行装饰。

*在进行第三步的时候，煮鸡肉的水可以用作肉汤。用小火长时间蒸煮可以制成像布丁一样的蛋羹。

 # 栗子凉粉

🧂 准备材料

▫ 栗子粉100克

1. 栗子粉中加入1200毫升的水搅拌（栗子和水的比例是1:6，用杯量的话就是1杯栗子粉6杯水）。

2. 放到小锅里一边搅拌一边煮。

3. 待变得黏稠时，倒入模具，放冰箱冷藏1小时使之变硬。

*一定要使用100%的栗子粉。栗子凉粉与橡子凉粉不同，它不苦，而是甜丝丝的。

	第一个月	第二个月
肉，鱼	猪肉，虾，蟹肉	—
蔬菜	茄子，南瓜，香菇，金针菇，番茄，芦笋	蒜薹，绿豆芽，紫甘蓝，平菇，大葱，芽菜，小红萝卜，
水果	杧果，甜柿子，柿饼，软柿子	橘子，草莓，猕猴桃，橘子
谷物	黑米，米粉	黄米
乳制品	酸奶，儿童奶酪，白干酪，黄油	奶油
豆类和芝麻类	黑豆，黑芝麻，芝麻 松子	—
坚果类	油	核桃
其他	番茄	
过敏需要注意的食品		草莓，猕猴桃

后期
辅食

第一个月

茄子·西蓝花·牛肉稀饭

紫兰茄子水分充足，做熟后口感非常柔软。其蛋白质、碳水化合物、脂肪的含量低，虽然不属于营养价值很高的蔬菜，但是它所含有的紫蓝色的成分花色素苷（紫蓝色），龙葵碱（赤褐色）等在预防疾病和抗癌效果上十分卓越。

🥄 材料

- 稀饭50克
- 牛肉10克
- 茄子15克
- 西蓝花10克

1. 茄子去皮后切成3~5毫米大小。

2. 西蓝花用沸水稍微焯一下后取头部切成3~5毫米大小。

3. 将200毫升肉汤倒入煮好的稀饭中，然后加入煮好的牛肉和1~2步的材料，中火煮7~10分钟。

 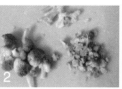 

🍴茄子·红灯笼椒·牛肉稀饭　

【材料】稀饭50克，红灯笼椒10克，牛肉10克，茄子15克。

【做法】红灯笼椒去皮后切成3~5毫米大小，然后按照"茄子·西蓝花·牛肉稀饭"的顺序，将西蓝花换成红灯笼椒即可。

🍴茄子·洋葱·牛肉稀饭　

【材料】稀饭50克，洋葱10克，牛肉10克，茄子15克。

【做法】洋葱切成3~5毫米大小，然后按照"茄子·西蓝花·牛肉稀饭"的顺序，将西蓝花换成洋葱即可。

🍴茄子·黄瓜·牛肉稀饭　

【材料】稀饭50克，黄瓜10克，牛肉10克，茄子15克。

【做法】黄瓜去皮后切成3~5毫米大小，然后按照"茄子·西蓝花·牛肉稀饭"的顺序，将西蓝花换成黄瓜即可。

4倍粥

豌豆·茄子·牛肉稀饭

高蛋白的豌豆与高水分的茄子一起烹饪会减少营养成分的流失。

豌豆一般6月份收获。

应季豌豆冷冻的话可以保存3~4个月。

豌豆皮有可能会粘到嘴里或卡到嗓子，因此使用的时候需去皮。

去皮前可以将豌豆先泡一下或者煮一下会更容易。

🥄 做法

1. 茄子去皮后切成3~5毫米大小。
2. 豌豆煮熟去皮后切碎。
3. 将200毫升肉汤倒入煮好的稀饭中，然后加入煮好的牛肉和1~2步的材料，中火煮7~10分钟。

材料

- 稀饭50~60克
- 牛肉10克
- 豌豆15克
- 茄子15克

营养丰富的豌豆茄子牛肉稀饭

🍴 豌豆·洋葱·牛肉稀饭

【材料】浸稀饭50~60克，牛肉10克，豌豆15克，洋葱15克。

【做法】洋葱切成3~5毫米大小，然后按照"豌豆·茄子·牛肉稀饭"的顺序，将茄子换成洋葱即可。

🍴 豌豆·黄瓜·牛肉稀饭

【材料】稀饭50~60克，牛肉10克，豌豆15克，黄瓜15克。

【做法】黄瓜去皮后切成3~5毫米大小，然后按照"豌豆·茄子·牛肉稀饭"的顺序，将茄子换成黄瓜即可。

4倍粥

紫甘蓝·西葫芦·牛肉稀饭

把像紫甘蓝这种富含纤维质的蔬菜，如西葫芦、蘑菇、茄子等
比较柔软的蔬菜一起烹饪。

🥄 做法

1. 紫甘蓝取叶部用沸水稍微焯一下后切成3~5毫米大小。

2. 西葫芦洗净后切成3~5毫米大小。

3. 将200毫升肉汤倒入煮好的稀饭中，然后加入煮好的牛肉和1~2步的材料，中火煮7~10分钟。

🍴 紫甘蓝·口蘑·洋葱·牛肉稀饭

【材料】稀饭50~60克，紫甘蓝10克，口蘑10克，洋葱10克，牛肉10克。

【做法】将洋葱与去了皮的口蘑头部切成3~5毫米大小，然后按照"紫甘蓝·西葫芦·牛肉稀饭"的顺序，将西葫芦换成口蘑和洋葱即可。

🍴 紫甘蓝·茄子·西蓝花·牛肉稀饭

【材料】稀饭50~60克，紫甘蓝10克，茄子10克，西蓝花10克，牛肉10克。

【做法】将去皮的茄子与用沸水焯过的西蓝花的头部切成3~5毫米大小，然后按照"紫甘蓝·西葫芦·牛肉稀饭"的顺序，将西葫芦换成茄子和西蓝花即可。

🍴 紫甘蓝·土豆·鸡肉稀饭

【材料】稀饭50~60克，紫甘蓝10克，土豆10克，鸡肉10克。

【做法】将土豆切成3~5毫米大小，然后按照"紫甘蓝·西葫芦·牛肉稀饭"的顺序，将西葫芦换成土豆，煮好的鸡肉代替牛肉即可。

4倍粥

酪梨·甜菜·牛肉稀饭

甜菜不煮，直接切碎后使用的话虽然会增加制作时间，
但会让辅食的颜色更加鲜明。而且还能一起摄取到甜菜汁。
如果甜菜煮过之后再使用的话，可以用煮出来的甜菜汁来煮牛肉。

材料

▫ 稀饭50~60克

▫ 牛肉10克

▫ 甜菜10克

▫ 酪梨15克

1. 甜菜切成3~5毫米大小。

2. 梨也切成3~5毫米大小。

3. 将200毫升肉汤倒入煮好的稀饭中，然后加入煮好的牛肉和1~2步的材料，中火煮7~10分钟。

吃饱喝足后好好玩儿

由于甜菜汁的出现使颜色更加美丽

 🍴 酪梨·莲藕·牛肉稀饭

【材料】稀饭50~60克，牛肉10克，酪梨15克，莲藕15克。

【做法】莲藕煮熟后切成3~5毫米大小，然后按照"酪梨·甜菜·牛肉稀饭"的顺序，将甜菜换成莲藕即可。

4倍粥

菠菜·胡萝卜·玉米·鸡肉稀饭

很多人都会问玉米皮需要去除到什么时候才可以不用去除，

成人在吃玉米的时候也会出现皮沾到嘴里的情况。

连成人都会感到不舒服，小孩子的不适感就更加强烈了，而且还会有卡到嗓子的可能性，

因此在喂食辅食期间都一直需要去皮食用。

🥄 做法

1. 菠菜、胡萝卜用沸水稍微焯一下，玉米煮熟。

2. 将焯过的菠菜切成3~5毫米大小。

3. 将焯过的胡萝卜也切成3~5毫米大小。

4. 将煮好的玉米去皮后切碎。

5. 将200毫升肉汤倒入煮好的稀饭中，然后加入煮好的鸡肉和2~4步的材料，中火煮7~10分钟。

⚖ 材料

▫ 稀饭50~60克

▫ 鸡肉10克

▫ 胡萝卜10克

▫ 玉米10克

▫ 菠菜15克

加入菠菜、胡萝卜和玉米后，味道非常好

快点给我好吃的

🍴 菠菜·老南瓜·鸡肉稀饭

【材料】稀饭50~60克，菠菜10克，鸡肉10克，老南瓜15克。

【做法】老南瓜去皮、去瓤后切成3~5毫米大小，然后按照"菠菜·胡萝卜·玉米·鸡肉稀饭"的顺序，将胡萝卜和玉米换成老南瓜即可。

莲藕·黑豆·牛肉稀饭

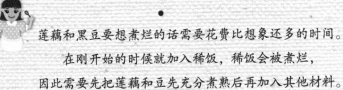

莲藕和黑豆要想煮烂的话需要花费比想象还多的时间。

在刚开始的时候就加入稀饭，稀饭会被煮烂，

因此需要先把莲藕和豆先充分煮熟后再加入其他材料。

🥄 做法

1. 黑豆用水浸泡1天左右后去皮。

2. 将莲藕和去皮后的黑豆用沸水煮熟。

3. 将煮好的黑豆切碎。

4. 将煮好的莲藕切成3~5毫米大小。

5. 将200毫升肉汤倒入煮好的稀饭中，然后加入煮好的牛肉和3~4步的材料，中火煮7~10分钟。

🥗 材料

▫ 稀饭50~60克

▫ 鸡肉10克

▫ 莲藕10克

▫ 黑豆15克

健康辅食

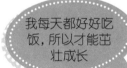

我每天都好好吃饭，所以才能茁壮成长

🍴 莲藕·洋葱·牛肉稀饭

【材料】稀饭50~60克，莲藕10克，牛肉10克，洋葱15克。

【做法】洋葱切成3~5毫米大小后按照"莲藕·黑豆·牛肉稀饭"的顺序，将黑豆换成洋葱即可。

4倍粥

杧果·红灯笼椒·鸡肉稀饭

水果也能加入到稀饭里,但只是"偶尔"加入而已。

适应了甜味的孩子如果辅食中没有水果的话也不想吃饭。

对于不舒服或者是生病的孩子来说,选用杧果来制作辅食是再好不过了。

杧果中富含维生素A以及绿色蔬菜中所含有的叶红素。

🥄 做法

1. 杧果去皮、去核。

2. 将杧果的一部分用刀背压碎。

3. 余下部分切成3~5毫米大小。

4. 红灯笼椒去皮后切成3~5毫米大小。

5. 将200毫升肉汤倒入煮好的稀饭中，然后加入煮好的鸡肉和2~4步的材料，中火煮7~10分钟。

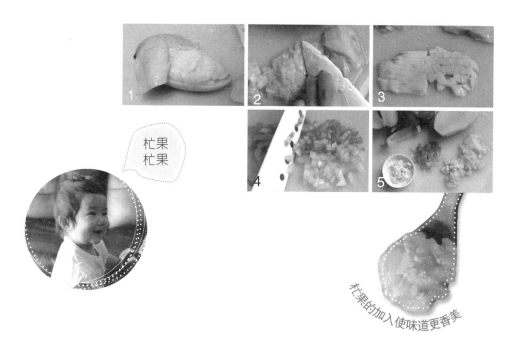

杧果
杧果

杧果的加入使味道更香美

🍴 杧果·嫩豆腐·鸡肉稀饭

4倍粥

【材料】稀饭50~60克，鸡肉10克，杧果15克，嫩豆腐15克。

【做法】软豆腐切碎后按照"杧果·红灯笼椒·鸡肉稀饭"的顺序，将红灯笼椒换成软豆腐即可。

甜柿子·大枣·鸡肉稀饭

......

柿子富含维生素A、B族维生素群，每100克中含有30~50毫克的维生素C。
请选用有黑色斑点的甜柿子。

黑斑是由于能够产生涩味的单宁酸成分不溶解而留下的痕迹，含有鞣酸成分的
会使宝宝的粪便变硬，因此能够诱发便秘。

柿饼是用成熟之前的柿子晾干而成的。含糖量高，而且还很劲道，因此孩子们很喜欢，
表面的白色粉末是内含糖分浓缩而成的，因此无需担心。

🥄 做法

1. 甜柿子去皮、去核。

2. 将第一步处理过的甜柿子切成3~5毫米大小。

3. 大枣放到撒有发酵苏打的水中浸泡,泡好后用流动的水洗净。

4. 将第三步的大枣用沸水煮,直至表皮没有褶皱为止。

5. 将煮好的大枣去皮切碎。

6. 将150cc肉汤倒入煮好的稀饭中,然后加入煮好的鸡肉和第二步的甜柿子、第五步的大枣,中火煮7~10分钟。

📋 材料

- 稀饭50~60克
- 鸡肉10克
- 甜柿子10克
- 大枣10克

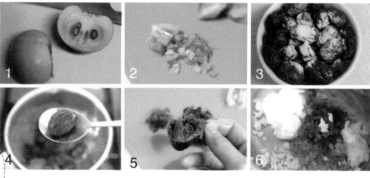

在煮大枣的过程中出现在表皮上的白色粉末并不是发酵苏打,而是大枣本身的成分。

🍴 甜柿子·韭菜·牛肉稀饭

【材料】稀饭50~60克,牛肉10克,甜柿子15克,韭菜15克。

【做法】韭菜切成3~5毫米大小,然后按照"甜柿子·大枣·鸡肉稀饭"的顺序,将大枣换成韭菜,用煮好的牛肉代替鸡肉即可。

🍴 柿饼·洋葱·牛肉稀饭

【材料】稀饭50~60克,牛肉10克,洋葱15克,柿饼1个。

【做法】将洗净去了把儿的柿饼和洋葱切成3~5毫米大小,然后按照"甜柿子·大枣·鸡肉稀饭"的顺序,将甜柿子换成柿饼,大枣换成洋葱,用煮好的牛肉代替鸡肉即可。

番茄·豌豆·鸡肉稀饭

· · · · · · · · ·

很多人都认为"番茄应该周岁以后才能食用"。

其实没有什么问题的话可以早些喂食。在尝试新食材的时候，如果发现出现皮肤异常，

就要小心（推后）喂食了。

番茄是含有"过敏可能性"的食物，而不是"引发过敏"的食物

🥄 做法

1. 番茄顶部切成十字花形状后用沸水稍微焯一下。

2. 将焯过的番茄去皮后切成3~5毫米大小。

3. 豌豆去皮煮熟后切成3~5毫米大小。

4. 将150毫升肉汤倒入煮好的稀饭中，然后加入煮好的牛肉和2~3步的材料，中火煮7~10分钟。

📋 材料

▫ 稀饭50~60克

▫ 鸡肉10克

▫ 番茄10克

▫ 豌豆10克

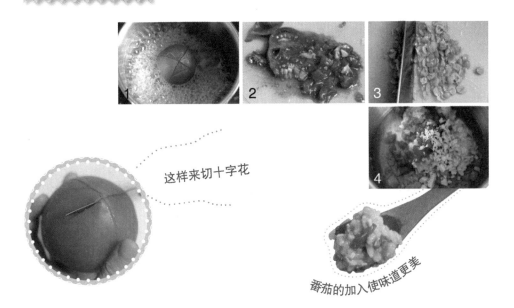

这样来切十字花

番茄的加入使味道更美

🍴 番茄·地瓜·牛肉稀饭

【材料】稀饭50~60克，牛肉10克，番茄15克，地瓜15克。

【做法】地瓜蒸熟后切成3~5毫米大小，然后按照"番茄·豌豆·鸡肉稀饭"的顺序，将豌豆换成地瓜，用煮熟的牛肉替换鸡肉即可。

芦笋·橘子·鸡肉稀饭

 芦笋是富含无机质的蔬菜。

同时，它还富含纤维质，因此对于预防便秘非常有效。时间长了

会有苦味，因此需要及时食用。

🥄 做法

1. 芦笋取茎部去皮。
2. 将去皮的芦笋用沸水煮熟后切成3~5毫米大小。
3. 橘子去皮后切成颗粒状。
4. 将第三步的橘子切碎。
5. 将150毫升肉汤倒入煮好的稀饭中，然后加入煮好的鸡肉和第二步的芦笋、第四步的橘子，中火煮7~10分钟。

🍽 材料

▫ 稀饭50~60克

▫ 鸡肉10克

▫ 芦笋15克

▫ 橘子15克

去除芦笋的头部，只留茎部使用

🍴 芦笋·洋葱·鸡肉稀饭

【材料】稀饭50~60克，鸡肉10克，芦笋15克，洋葱15克。

【做法】洋葱去皮后切成3~5毫米大小，然后按照"芦笋·橘子·鸡肉稀饭"的顺序，将橘子换成洋葱即可。

🍴 萝卜·橘子·鸡肉稀饭

【材料】稀饭50~60克，鸡肉10克，萝卜15克，橘子15克。

【做法】萝卜去皮后切成3~5毫米大小，然后按照"芦笋·橘子·鸡肉稀饭"的顺序，将芦笋换成萝卜即可。

3倍粥

西葫芦·虾肉稀饭

虾肉中富含钙和牛磺酸，是对成长发育非常好的食物。

加入虾肉的辅食会散发出非常好的味道，因此非常受胜雅的欢迎。

🥄 做法

1. 剪掉大虾的头部，去壳、去内脏（大虾的处理方法请参照106页）。

2. 将处理过的大虾切成3~5毫米大小。

3. 西葫芦也切成3~5毫米大小。

4. 将150毫升肉汤倒入煮好的稀饭中，然后加入煮好的牛肉和3~4步的材料，中火煮7~10分钟。

（大虾的处理方法请参照106页）。

🍲 材料

▫ 稀饭50~60克

▫ 虾肉10克

▫ 西葫芦25克

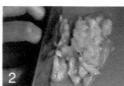

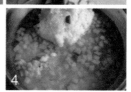

妈妈！是新味道呢

啪啪啪！鼓掌~

诱人的虾肉

西蓝花·鸡蛋·蟹肉稀饭

· · · · · · · ·

蟹肉选用花蟹肉皇后蟹蟹肉也可以。

蟹肉的脂肪含量少，而且清淡、香甜，因此加入到辅食里味道会非常好。

花蟹1~4月是应季，因此短时间可以选用花蟹肉来食用。

但要注意的是，一定要挑选出新鲜的螃蟹煮熟后才能防止食物中毒。

🥄 做法

1. 螃蟹洗净后劈开，便于蒸煮。

2. 将劈开处理好的螃蟹沿着肉的纹理切碎。

3. 西蓝花用沸水稍微焯一下后将花部切成3~5毫米大小。

4. 将150毫升肉汤倒入煮好的稀饭中，然后加入2~3步的材料煮沸。

5. 将去除了蛋清的鸡蛋打入到第四步里，中火煮5分钟。

⚖ 材料

▫ 稀饭50~60克

▫ 蟹肉15克

▫ 西蓝花15克

▫ 鸡蛋1/2个

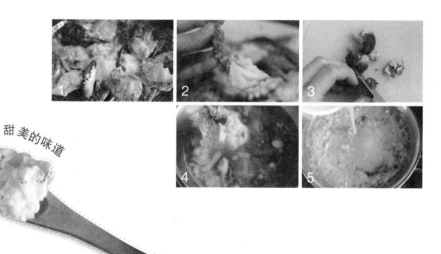

甜美的味道

🍴 西蓝花·豆腐·蟹肉稀饭

3倍粥

【材料】稀饭50~60克，蟹肉15克，西蓝花15克，豆腐15克。

【做法】豆腐切成3~5毫米大小，然后按照"西蓝花·鸡蛋·蟹肉稀饭"的顺序，将鸡蛋换成豆腐，从一开始就放进去煮。

🍴 萝卜·豆芽·蟹肉稀饭

3倍粥

【材料】稀饭50~60克，蟹肉15克，萝卜15克，豆芽15克。

【做法】将豆芽的茎部与萝卜切成3~5毫米大小，然后按照"西蓝花·鸡蛋·蟹肉稀饭"的顺序，将鸡蛋换成萝卜和豆芽，从一开始就放进去煮。

婴儿手
抓食

三色饭团

在给孩子喂食手抓食物的时候，要让他们体会到"选择"的乐趣。
同时，还要告诉孩子"朱黄色的饭团是胡萝卜做的，黄色的是蛋黄做的，
绿色的是西蓝花做的"。
孩子会非常有兴趣听这些介绍的。

材料

- 稀饭50~60克
- 牛肉30克
- 西蓝花10克
- 胡萝卜10克
- 鸡蛋1个
- 芝麻油1小勺

做法

1. 西蓝花用沸水稍微焯一下后取花部切碎，为装饰做准备。

2. 胡萝卜煮熟后切碎，为装饰做准备。

3. 鸡蛋煮熟后将蛋黄在漏勺上碾碎，为装饰做准备。

4. 将香油和切碎的牛肉放入到稀饭里均匀搅拌。

5. 将第四步的饭团成圆球形。

6. 将饭团放到装饰用的蔬菜里蘸一下。

我可以直接用手吃了

将所有的材料都加到饭里后再搅拌也可以

黑豆·燕麦·奶粥

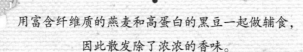

用富含纤维质的燕麦和高蛋白的黑豆一起做辅食，
因此散发除了浓浓的香味。

🥄 做法

📋 材料

- 稀饭30克
- 燕麦20克
- 鸡肉10克
- 黑豆（里面是绿色的黑豆）10克
- 配方奶（母乳）100毫升

1. 将黑豆和燕麦浸泡大半天。

2. 将泡好的燕麦用搅拌机搅碎。

3. 将泡好的黑豆去皮煮熟后切碎。

4. 将150cc肉汤倒入第二步的燕麦里，然后再加入煮好的鸡肉和第三步的黑豆，之后在倒入配方奶（母乳），中火煮7～10分钟。

真香啊

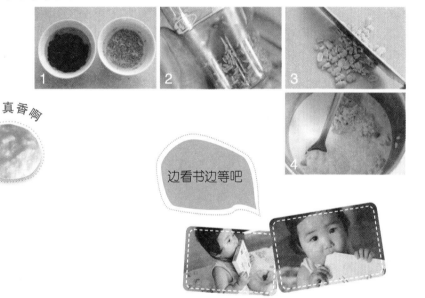

边看书边等吧

🍴 牛肉·松子饭

🥤3倍粥

【材料】稀饭50~60克，松子3克（约20个），牛肉15克。

【做法】松子洗净后切碎放入稀饭里，与煮好切碎的牛肉一起放入小锅，然后再加入150毫升的肉汤，中火煮7~10分钟。

意面

菠菜米粉意面

煮米粉的时候会形成像粥一样的块儿，
因此期间要加入一些凉水再煮，大概两次即可。
吃面的时候，由于孩子目前还只是用手抓着吃，因此会弄一身。
大家要做好衣服会弄脏的心理准备，让孩子能亲身体验享受美食的时间。
如果此时总是去给孩子收拾衣服或者责怪他们的话，打消孩子的积极性。

🖍材料

▫ 米粉30~40根

▫ 鸡肉10克

▫ 蟹味菇10克

▫ 洋葱10克

▫ 菠菜汁5大勺

▫ 小番茄2个

🥄 做法

1. 米粉用剪子剪成3厘米长短后用沸水煮5分钟，然后用凉水冲一下以防粘黏。

2. 将蟹味菇头部切成3~5毫米大小。

3. 洋葱也切成3~5毫米大小。

4. 将菠菜汁倒入平底锅煮，加入煮好切碎的鸡肉和1~2步的材料后煮沸。

5. 待蘑菇和洋葱煮熟时放入米粉。

6. 小番茄去皮后放入烤箱烤一下再放入米粉里味道会更好。

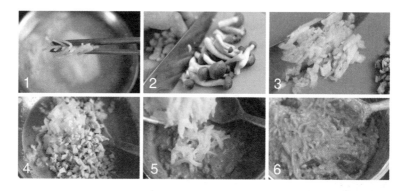

绿色美味的煮面

晕~我吃完了

301

牛肉丸子羹

添加辅食后期做的羹并不能让孩子像喝汤一样喝掉。

当时曾给胜雅舀着吃过，也曾经盛到杯子里让她喝过。

孩子都喜欢手抓食物，

给孩子几个丸子，能让他们一直吃到最后。

材料

- 牛肉10克
- 豆腐20克
- 洋葱5克
- 西蓝花5克
- 韭菜5克
- 淀粉2小勺
- 白菜10克
- 萝卜10克
- 蔬菜汁100毫升

做法

1. 牛肉搅到出现黏性为止。

2. 豆腐用刀背压碎后去除水分。

3. 韭菜切碎。

4. 洋葱切碎。

5. 将1~4的材料放入大盆中,然后撒入淀粉搅和。

6. 将第五步的面饼捏成一个个的小圆球。

7. 将萝卜切成3~5毫米大小后倒入蔬菜汁煮沸(蔬菜汁的制法请参照131页)。

8. 将第六步的牛肉丸子放到沸水中煮熟。

9. 将白菜叶和西蓝花花部切成3~5毫米大小,然后与第八步的丸子一起放入到第七步的材料里煮。

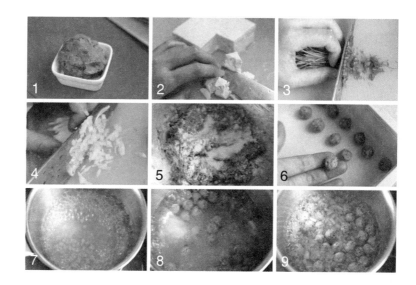

吧嗒~
吧嗒~

丸子可以作为手抓食物喂给孩子

小菜

鸡肉丸子

做好的鸡肉丸子多少有点硬。

当时怕胜雅不适应鸡肉的口感，因此将每个丸子四等分后给胜雅。

胜雅将其当成手抓食物，吃得很来劲。

🥢 材料

- 鸡肉80克
- 洋葱10克
- 韭菜10克

🥄 做法

1. 鸡肉去筋剁碎，直至黏稠。
2. 韭菜切碎。
3. 洋葱也切碎。
4. 将1~3步的材料混合在一起搅和。
5. 将第四步的材料攒成圆团。
6. 将团好的丸子放入蒸锅蒸5分钟。

啊呜啊呜~
真好吃

小菜

白菜卷奶酪汁

选用白菜而不是卷心菜的理由是白菜叶比卷心菜叶
更加柔软，这有利于孩子消化。
这是一款看起来像韩食的白菜卷与西餐的奶汁完美结合的辅食。
胜雅非常喜欢这款辅食。

□ 牛肉30克

□ 豆腐20克

□ 洋葱

□ 韭菜5克

□ 西蓝花5克

□ 淀粉2小勺

□ 配方奶(母乳)

100毫升

□ 面粉1小勺

□ 儿童奶酪1/2张

白菜卷馅儿

牛肉,豆腐,洋葱,韭菜,淀粉

做法

1. 白菜取叶用沸水煮到发蔫儿为止。

2. 准备放入白菜卷的馅儿(馅儿的制法请参照303页1~5步)。

3. 将煮好的白菜叶摊开,把馅儿放进去卷。

4. 将白菜卷放入蒸锅蒸5分钟。

5. 将配方奶(母乳)煮沸,然后加入面粉煮到黏稠

6. 第五步的材料开始黏稠的时候,将第五步的白菜卷放入。

7. 待白菜卷浸透奶汁时,将奶酪切碎放入。

8. 西蓝花用沸水稍微焯一下后将花部切碎。

9. 待汤水黏稠时,将白菜卷取出。

10. 将白菜卷切成孩子容易吃的大小,然后再淋上调味汁。

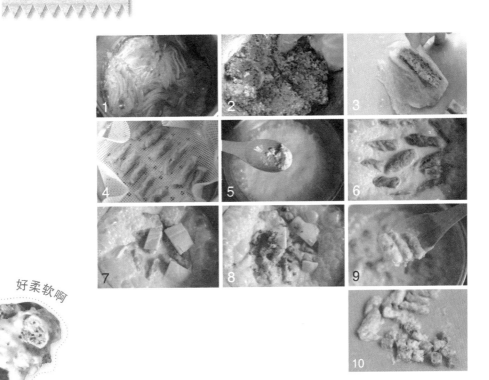

好柔软啊

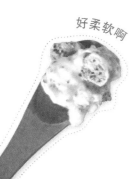

第二个月

白菜·芦笋·牛肉稀饭

3倍粥

选用娃娃菜取叶部。
茎部由于纤维质的含量高，不利于孩子消化。
白菜做熟之后会发出甜甜的味道，
而且比其他的叶菜更为柔软，因此非常适合小孩子食用。

🥄 做法

1. 芦笋取茎部用沸水稍微焯一下后切成5~8毫米长短。

2. 白菜叶切成5~8毫米大小。

3. 将150毫升肉汤倒入煮好的稀饭中，然后加入煮好的牛肉和1~2步的材料，中火煮7~10分钟。

🍚 材料

- 稀饭50~60克
- 牛肉15克
- 白菜15克
- 芦笋15克

再给我
来点吧

🍴 白菜·萝卜·牛肉稀饭

【材料】稀饭50~60克，牛肉15克，白菜15克，萝卜15克。
【做法】萝卜切成5~8毫米大小后按照"白菜·芦笋·牛肉稀饭"的顺序，将芦笋换成萝卜即可。

🍴 白菜·黄瓜·牛肉稀饭

【材料】稀饭50~60克，牛肉15克，白菜15克，黄瓜15克。
【做法】黄瓜切成5~8毫米大小后按照"白菜·芦笋·牛肉稀饭"的顺序，将芦笋换成黄瓜即可。

3倍粥

南瓜·核桃·牛肉稀饭

由于坚果类煮也不会烂，

有卡住的可能性，因此需要切碎后食用。

核桃中富含不饱和脂肪酸，有利于大脑健康，

是一种强力推荐给成长期孩子的坚果。

大家可以尝试将其与富含蛋白质、钙和食物纤维的材料一起来制作营养丰富的辅食。

🥄 做法

1. 将预处理的核桃放到搅拌机里搅（核桃处理方法请参照105页）。

2. 南瓜切成5~8毫米大小。

3. 将150毫升肉汤倒入煮好的稀饭中，然后加入煮好的牛肉和1~2步的材料，中火煮7~10分钟。

📖 材料

- 稀饭50~60克
- 牛肉15克
- 南瓜20克
- 核桃粉3克

营养丰富的辅食

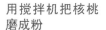

用搅拌机把核桃磨成粉

🍴 南瓜·洋葱·牛肉稀饭

【材料】稀饭50~60克，牛肉15克，南瓜15克，洋葱15克。
【做法】地洋葱切成5~8毫米大小后按照"南瓜·核桃·牛肉稀饭"的顺序，将核桃换成洋葱。

🍴 栗子·大枣·核桃·鸡肉稀饭

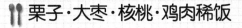

【材料】稀饭50~60克，核桃粉3克，栗子10克，大枣15克，鸡肉15克。
【做法】地将去皮的栗子和煮熟后去皮、去核的大枣切成5~8毫米大小后，然后按照"南瓜·核桃·牛肉稀饭"的顺序，将南瓜换成栗子和大枣，用煮熟切碎的鸡肉代替牛肉。

金针菇·地瓜·鸡肉稀饭

· · · · · · · ·

富含食物纤维和水分的金针菇

虽然细长，但拥有圆鼓鼓的口感。

因此，非常适合做辅食和孩子的小菜。

将根部去除后按照纹理摘下来。

1. 地瓜煮熟后去皮，用刀背碾碎。

2. 金针菇切成5~8毫米长短。

3. 将150毫升肉汤倒入煮好的稀饭中，然后加入煮好的鸡肉和1~2步的材料，中火煮7~10分钟。

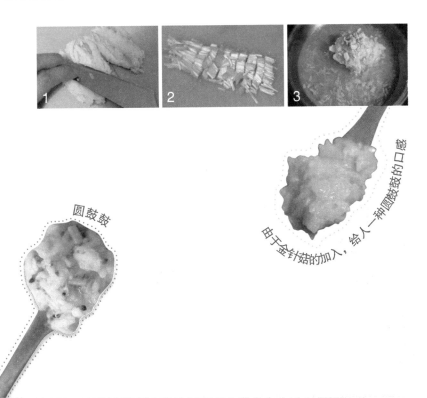

圆鼓鼓

由于金针菇的加入，给人一种圆鼓鼓的口感

🍴 金针菇·白菜·西蓝花·鸡肉稀饭

【材料】饭50~60克，金针菇10克，白菜10克，西蓝花10克，鸡肉15克。

【做法】将白菜叶和西蓝花花部切成5~8毫米大小，然后按照"金针菇·地瓜·鸡肉稀饭"的做法，将地瓜换成白菜和西蓝花即可。

杏鲍菇·小白菜·牛肉·黄米稀饭

3倍粥

黄米属于小粒谷物，富含维生素A、B族维生素。
辅食期间除了大米意外，还可以尝试食用
黑米、大麦、糙米、糯米、黄米等多种谷物。
因此其营养成分与大米是不同的。

材料

- 黄米稀饭30克
- 稀饭（粳米）20~30克
- 牛肉15克
- 杏鲍菇15克
- 小白菜15克

1. 小白菜取叶部用沸水稍微焯一下后切成5~8毫米大小。

2. 杏鲍菇头部切成5~8毫米大小。

3. 将150毫升肉汤倒入煮好的稀饭中，然后加入煮好的牛肉和1~2步的材料，中火煮7~10分钟。

4. 加入黄米稀饭后再煮3分钟。

啪啪啪

🍴 地瓜·黄瓜·牛肉·黄米稀饭

3倍粥

【材料】黄米稀饭30克，稀饭（粳米）20~30克，牛肉15克，地瓜15克，黄瓜15克。

【做法】黄瓜切成5~8毫米大小，地瓜蒸熟后用刀背碾碎，然后按照"杏鲍菇·小白菜·牛肉·黄米稀饭"的顺序，将杏鲍菇和小白菜换成地瓜和黄瓜。

🍴 萝卜·大枣·牛肉·黄米稀饭

3倍粥

【材料】黄米稀饭30克，稀饭（粳米）20~30克，牛肉15克，萝卜15克，大枣15克。

【做法】萝卜切成5~8毫米大小，大枣煮熟去皮后切成5~8毫米大小，然后按照"杏鲍菇·小白菜·牛肉·黄米稀饭"的顺序，将杏鲍菇和小白菜换成萝卜和大枣。

萝卜·小白菜·牛肉稀饭

在应季的时候选用被称为天然消化剂的萝卜。
应季的萝卜更清甜。

🥄 做法

1. 小白菜取叶部用沸水稍微焯一下后切成5~8毫米大小。

2. 萝卜也切成5~8毫米大小。

3. 先将萝卜加入到150毫升肉汤中煮5分钟，然后加入稀饭和1步的小白菜再煮3分钟。

🍴 萝卜·地瓜·牛肉稀饭

【材料】稀饭50~60克，牛肉15克，萝卜15克，地瓜15克。
【做法】地瓜蒸熟后去皮，用刀背碾碎，然后按照"萝卜·小白菜·牛肉稀饭"的做法，将小白菜换成地瓜即可。

🍴 萝卜·西蓝花·牛肉稀饭

【材料】稀饭50~60克，牛肉15克，萝卜15克，西蓝花15克。
【做法】西蓝花用沸水焯一下后将花部切成5~8毫米大小，然后按照"萝卜·小白菜·牛肉稀饭"的做法，将小白菜换成西蓝花即可。

🍴 萝卜·西葫芦·杏鲍菇·牛肉稀饭

【材料】稀饭50~60克，萝卜10克，西葫芦10克，杏鲍菇10克，牛肉15克。
【做法】将西葫芦和杏鲍菇头部切成5~8毫米大小，然后按照"萝卜·小白菜·牛肉稀饭"的做法，将小白菜换成西葫芦和杏鲍菇。

甜菜·甜柿子·鸡肉稀饭

甜菜和萝卜一样，需要长时间才能做熟，因此需要先做，然后再加入稀饭和其他材料一起煮熟即可。

材料

- 稀饭50~60克
- 鸡肉15克
- 甜菜15克
- 甜柿子10克

🥄 做法

1. 甜菜去皮后切成5~8毫米大小。

2. 甜柿子去皮后切成5~8毫米大小。

3. 将150毫升肉汤倒入第一步的甜菜里煮，待甜菜煮到一定程度后加入稀饭和第二步的甜柿子，然后再煮5分钟。

  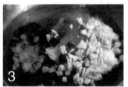

🍴 甜菜·梨·鸡肉稀饭

【材料】稀饭50~60克，鸡肉15克，甜菜15克，梨15克。

【做法】梨切成5~8毫米大小后按照"甜菜·甜柿子·鸡肉稀饭"的顺序将甜柿子换成梨即可。

🍴 甜菜·西蓝花·鸡肉稀饭

【材料】稀饭50~60克，鸡肉15克，甜菜15克，西蓝花15克。

【做法】西蓝花用沸水焯一下后将花部切成5~8毫米大小后按照甜菜·甜柿子·鸡肉稀饭的顺序将甜柿子换成西蓝花即可。

🍴 甜菜·韭菜·鸡肉稀饭

【材料】稀饭50~60克，鸡肉15克，甜菜15克，韭菜15克。

【做法】韭菜切成5~8毫米大小后按照"甜菜·甜柿子·鸡肉稀饭"的顺序将甜柿子换成韭菜即可。

3倍粥

菠菜·南瓜·洋葱·鸡肉稀饭

·
·
·
·
·
·
·
·
·

进入到添加辅食后期阶段以后，偶遇之前很所食材都已经尝试过一次了，
因此可以将这些材料相互组合来是食用。
记下孩子喜欢的食材，用这些食材做成美味的食物吧。

做法

1. 菠菜叶用沸水稍微焯一下后切成5~8毫米大小。

2. 洋葱也切成5~8毫米大小。

3. 南瓜蒸熟后用刀背碾碎。

4. 将150毫升肉汤倒入煮好的稀饭中，然后加入煮好的鸡肉和1~3步的材料，中火煮7~10分钟。

  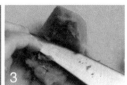

将孩子喜欢的食材混合使用

菠菜·胡萝卜·奶酪·鸡肉稀饭

【材料】稀饭50~60克，菠菜10克，胡萝卜15克，牛肉15克，儿童奶酪1/2张。

【做法】胡萝卜切成5~8毫米大小，然后按照"菠菜·南瓜·洋葱·鸡肉稀饭"的顺序，将南瓜和洋葱换成胡萝卜和奶酪，待材料熟到一定程度的时候加入奶酪。

菠菜·萝卜·绿豆芽·鸡肉稀饭

【材料】稀饭50~60克，菠菜10克，萝卜10克，绿豆芽10克，牛肉15克。

【做法】菠菜叶用沸水稍微焯一下后切成5~8毫米大小，绿豆芽切成5~8毫米大小，然后按照"菠菜·南瓜·洋葱·鸡肉稀饭"的顺序，将南瓜和洋葱换成萝卜和绿豆芽即可。

小白菜·洋葱·豌豆·鸡肉稀饭

被称为天然保健补药的小白菜，
由于富含烟酸和钙质，因此非常适合用来制作辅食。
如果与洋葱和豌豆一起使用会成为非常营养的辅食的。

🥄 做法

1. 小白菜叶用沸水稍微焯一下后切成5~8毫米大小。

2. 豌豆煮熟去皮后切碎。

3. 洋葱去皮后切成5~8毫米大小。

4. 将150毫升肉汤倒入煮好的稀饭中，然后加入煮好的鸡肉和1~3步的材料，中火煮7~10分钟。

⚖ 材料

- □ 稀饭50~60克
- □ 牛肉15克
- □ 小白菜15克
- □ 洋葱10克
- □ 豌豆10克

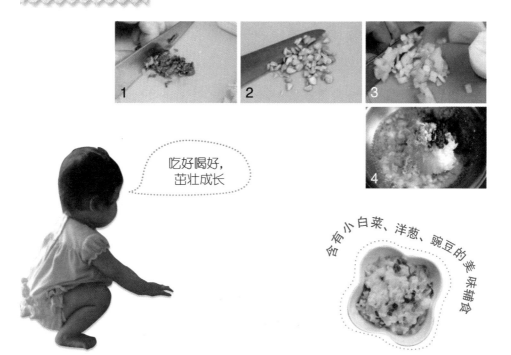

吃好喝好，茁壮成长

含有小白菜、洋葱、豌豆的美味辅食

🍴 小白菜·洋葱·苹果·鸡肉稀饭

3倍粥

【材料】稀饭50~60克，小白菜10克，洋葱10克，苹果10克，牛肉15克。

【做法】一部分苹果用擦板擦，余下部分切成5~8毫米大小，然后按照"小白菜·洋葱·豌豆·鸡肉稀饭"的顺序，将豌豆换成苹果即可。

3倍粥

香蕉·苹果·牛肉稀饭

 因为香蕉最好选用那种生了黑斑、熟透的类型，
但是在这些黑斑里含有缓解便秘的物质。

材料

- 稀饭50~60克
- 牛肉15克
- 香蕉15克
- 苹果15克

做法

1. 香蕉切成5~8毫米大小。

2. 苹果也切成5~8毫米大小。

3. 将150毫升肉汤倒入煮好的稀饭中，然后加入煮好的牛肉和1~2步的材料，中火煮7~10分钟。

  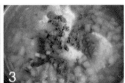

含满水果的辅食

选用长有黑斑的熟透的香蕉

香蕉·紫甘蓝·牛肉稀饭

【材料】稀饭50~60克，牛肉15克，香蕉15克，紫甘蓝15克。

【做法】紫甘蓝叶部用沸水稍微焯一下后切成5~8毫米大小，然后按照"香蕉·苹果·牛肉稀饭"的顺序，将苹果换成紫甘蓝即可。

{ 3倍粥 }

西葫芦·红灯笼椒·洋葱·牛肉稀饭

去鲜果蔬菜超市可以一年四季都能买到的食材之一就是西葫芦。

容易购买，再加上口感好，是非常不错的食材。

不要看大小，越重的越好吃。

328

🥄 做法

1. 西葫芦切成5～8毫米大小。

2. 红灯笼椒去皮后切成5～8毫米大小。

3. 洋葱去皮后也切成5～8毫米大小。

4. 将150毫升肉汤倒入煮好的稀饭中，然后加入煮好的牛肉和1～3步的材料，中火煮7～10分钟。

⚖️ 材料

▫ 稀饭50～60克

▫ 牛肉15克

▫ 西葫芦10克

▫ 红灯笼椒10克

▫ 洋葱10克

🍴 西葫芦·口蘑·胡萝卜·牛肉稀饭 [3倍粥]

【材料】稀饭50～60克，西葫芦10克，口蘑10克，胡萝卜10克，牛肉15克。

【做法】将去了皮的口蘑头部和胡萝卜切5～8毫米大小，然后按照"西葫芦·红灯笼椒·洋葱·牛肉稀饭"的顺序，将红灯笼椒和洋葱换成口蘑和胡萝卜即可。

🍴 西葫芦·嫩豆腐·牛肉稀饭 [3倍粥]

【材料】稀饭50～60克，牛肉15克，西葫芦15克，嫩豆腐15克。

【做法】嫩豆腐切碎后按照"西葫芦·红灯笼椒·洋葱·牛肉稀饭"的顺序，将红灯笼椒和洋葱换成嫩豆腐即可。

🍴 西葫芦·胡萝卜·西蓝花·牛肉稀饭 [3倍粥]

【材料】稀饭50～60克，胡萝卜10克，西蓝花10克，牛肉15克。

【做法】西蓝花用沸水稍微焯一下后将花部切成5～8毫米大小，然后按照"西葫芦·红灯笼椒·洋葱·牛肉稀饭"的顺序，将红灯笼椒和洋葱换成胡萝卜和西蓝花即可。

3倍粥

卷心菜·苹果·牛肉稀饭

· · · · · · · ·

卷心菜是卷心菜和圆菜头杂交而来的蔬菜品种。

虽然外表长得像萝卜，但是在处理的时候会散发出强烈的卷心菜的清香。

富含水分和维生素C，

由于含有大量的纤维质，因此是一种对缓解便秘很有效的蔬菜。味道也比萝卜甜。

材料

- 稀饭50~60克
- 牛肉15克
- 卷心菜15克
- 苹果15克

1. 卷心菜去皮后切成5~8毫米大小。

2. 苹果去皮后也切成5~8毫米大小。

3. 将150毫升肉汤倒入第一步的卷心菜里煮，待卷心菜熟到一定程度后加入稀饭和煮好的牛肉，然后中火煮5分钟左右。

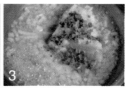

吃好喝好后
心情也好的
胜雅

散发出甜香的味道

🍴 卷心菜·茄子·胡萝卜·牛肉稀饭

【材料】稀饭50~60克，卷心菜10克，茄子10克，胡萝卜10克，牛肉15克。

【做法】将茄子和去皮的胡萝卜切成5~8毫米大小，然后按照"卷心菜·苹果·牛肉稀饭"的顺序，将苹果换成茄子和胡萝卜即可。

🍴 卷心菜·松茸·胡萝卜·牛肉稀饭

【材料】稀饭50~60克，卷心菜10克，口蘑10克，胡萝卜10克，牛肉15克。

【做法】将松茸头部和去皮的胡萝卜切成5~8毫米大小，然后按照"卷心菜·苹果·牛肉稀饭"的顺序，将苹果换成松茸和胡萝卜即可。

3倍粥

{黄瓜·胡萝卜·口蘑·牛肉稀饭}

大家可以用充满水分的黄瓜和蘑菇一起使用。
虽然都是香气十足的材料，但很适合放在一起。

🥄 做法

1. 黄瓜去皮后切成5~8毫米大小。

2. 口蘑头部去皮后切成5~8毫米大小。

3. 胡萝卜去皮后切成5~8毫米大小。

4. 将150毫升肉汤倒入煮好的稀饭中，然后加入煮好的牛肉和1~3步的材料，中火煮7~10分钟。

⚖ 材料

- 稀饭50~60克
- 牛肉15克
- 黄瓜10克
- 胡萝卜10克
- 口蘑10克

今天我要用这个盆盛饭吃

🍴 黄瓜·平菇·牛肉稀饭

【材料】稀饭50~60克，黄瓜10克，牛肉15克，平菇15克。

【做法】平菇切成5~8毫米大小后按照"黄瓜·胡萝卜·口蘑·牛肉稀饭"的顺序，将胡萝卜和口蘑换成平菇即可。

3倍粥

西蓝花·苹果·牛肉稀饭

西蓝花中含有的钙质是菠菜的4倍之多。

而且，还富含有助于钙质吸收的维生素C。

🥄 做法

1. 苹果切成5～8毫米大小。

2. 西蓝花用沸水稍微焯一下后将花部切成5～8毫米大小。

3. 将150毫升肉汤倒入煮好的稀饭中，然后加入煮好的牛肉和1～2步的材料，中火煮7～10分钟。

⚖️ 材料

- 稀饭50～60克
- 牛肉15克
- 西蓝花15克
- 苹果15克

一颗一颗的西蓝花

🍴 西蓝花·南瓜·牛肉稀饭

【材料】稀饭50～60克，牛肉15克，西蓝花15克，南瓜15克。

【做法】南瓜切成5～8毫米大小，然后按照"西蓝花·苹果·牛肉稀饭"的顺序，将苹果换成南瓜即可。

🍴 西蓝花·口蘑·牛肉稀饭

【材料】稀饭50～60克，牛肉15克，西蓝花15克，口蘑15克。

【做法】口蘑头部去皮后切成5～8毫米大小，然后按照"西蓝花·苹果·牛肉稀饭"的顺序，将苹果换成口蘑即可。

草莓·菠菜·鸡肉稀饭

在洗草莓的时候，如果将草莓放在水里超过30秒，

其所含的维生素C会溶解在水中。

因此需要用流动的水轻轻洗。

由于孩子们都很喜欢草莓，因此有草莓的辅食都会很受孩子们的欢迎。

草莓与菠菜一般会同时加入到沙拉和比萨里，简直是天作之合。

🥄 做法

📋 材料

- 稀饭50~60克
- 鸡肉15克
- 草莓15克
- 菠菜15克

1. 草莓用流动的水洗净后切成5~8毫米大小。

2. 将菠菜叶用沸水稍微焯一下后切成5~8毫米大小。

3. 将150毫升肉汤倒入煮好的稀饭中，然后加入煮好的鸡肉和第二步的菠菜，中火煮7~10分钟。

4. 第三步关火之前放入第一步的草莓稍微搅拌一下。

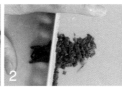

美味爽口

我喜欢的草莓

🍴 草莓·黄瓜·鸡肉稀饭

3倍粥

【材料】稀饭50~60克，鸡肉15克，草莓15克，黄瓜15克。

【做法】黄瓜切成5~8毫米大小，然后按照"草莓·菠菜·鸡肉稀饭"的顺序，将菠菜换成黄瓜即可。

3倍粥

黑米·西葫芦·胡萝卜·虾肉稀饭

加入了黑米的稀饭给人一种就像是杂酱饭的感觉。

如果用100%的黑米做饭会不利于消化，容易导致便秘，。

一定要考虑到孩子的消化能力，将黑米和大米混合使用。

而且，黑米需要泡1～2天后再使用。

🥄 做法

1. 胡萝卜去皮后切成5~8毫米大小。

2. 西葫芦也切成5~8毫米大小。

3. 大虾去头、去壳后再去除内脏，然后切成5~8毫米大小。

4. 将150毫升肉汤倒入煮好的黑米稀饭中，然后加入1~3步的材料，中火煮7~10分钟。

⚖ 材料

- 黑米稀饭50~60克
- 虾肉15克
- 西葫芦15克
- 胡萝卜15克

  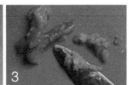

看起来像砸酱饭一样美味的、看得见的黑米西葫芦胡萝卜虾肉稀饭

🍴 小白菜·梨·虾肉稀饭

【材料】稀饭50~60克，虾肉15克，小白菜15克，梨15克。
【做法】将用沸水稍微焯过的小白菜叶和梨切成5~8毫米大小，然后按照"黑米·西葫芦·胡萝卜·虾肉稀饭"的顺序，将西葫芦和胡萝卜换成小白菜和梨即可。

3倍粥

奶汁虾肉稀饭

· · · · · · · · · ·

奶汁和虾肉是非常适合搭配在一起的食材。
柔软的奶汁和美味虾肉的加入使辅食更加美味可口。

材料

□ 稀饭50~60克

□ 虾肉15克

□ 红灯笼椒10克

□ 西蓝花10克

□ 洋葱10克

□ 配方奶（母乳）
100毫升

🥄 做法

1. 红灯笼椒去皮后切成5~8毫米大小。

2. 洋葱去皮后切成5~8毫米大小。

3. 西蓝花用沸水稍微焯一下后将花部切成5~8毫米大小。

4. 大虾去头、去壳后再取出内脏，然后切成5~8毫米大小。

5. 将1~2步的材料用沸水先焯一下。

6. 将配方奶（母乳）倒入到第五步的材料里。

7. 将稀饭和虾肉加入到第六步的材料里煮，直至黏稠。

8. 将第三步的西蓝花加入到变黏稠的第7步的材料后再煮5分钟左右使之熟透。

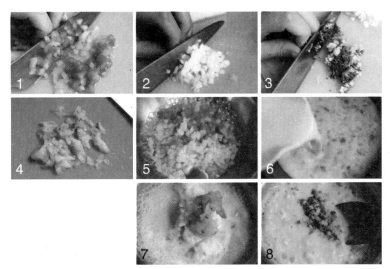

奶汁和虾肉非常搭调

341

3倍粥

小白菜·胡萝卜·蟹肉稀饭

这是从中餐的"蟹肉炒小白菜"中得到的灵感。

这是一款中餐的代表性食材小白菜与胡萝卜完美结合的辅食。

🥄 做法

1. 花蟹蒸好后取肉。
2. 将小白菜叶用沸水稍微焯一下后切成5~8毫米大小。
3. 胡萝卜用水稍微焯一下后切成5~8毫米大小。
4. 将150毫升肉汤倒入煮好的稀饭中,然后加入1~3步的材料,中火煮熟。

🍲 材料

▫ 稀饭50~60克
▫ 蟹肉15克
▫ 小白菜15克
▫ 胡萝卜15克

吃好了,妈妈,我们出去玩儿吧

蟹肉与小白菜,天作之合

🍴 金针菇·绿豆芽·蟹肉稀饭

3倍粥

【材料】稀饭50~60克,蟹肉15克,小白菜15克,胡萝卜15克。

【做法】将金针菇与绿豆芽切成5~8毫米大小,然后按照"小白菜·胡萝卜·蟹肉稀饭"的顺序,将小白菜和胡萝卜换成金针菇和绿豆芽即可。

意式焗饭

黑米蘑菇意式焗饭

此款辅食使用了100%的黑米，
如果担心孩子的消化问题，
可以混入一些大米。
吃过黑米的一两天里，孩子拉"黑色便便"也无需担心。

- 黑米稀饭50~60克
- 鸡肉15克
- 口蘑15克
- 杏鲍菇15克
- 金针菇15克
- 配方奶（母乳）
50毫升
- 儿童奶酪1/2张

做法

1. 将金针菇、杏鲍菇头部、去皮的口蘑头部切成5~8毫米大小。
2. 将50毫升肉汤倒入第一步的蘑菇中煮。
3. 待蘑菇煮熟后，加入黑米稀饭和煮熟切碎的鸡肉一起煮。
4. 待汤水黏稠时加入配方奶（母乳）用文火煮。
5. 最后放入半张儿童奶酪搅拌。

一大碗都吃掉了

100%黑米的意式焗饭

面条

喜面

· · · · · · · ·

这款面条的亮点在于让蔬菜也能像面一样吃掉。

虽然将蔬菜切碎孩子吃起来很方便、干净，但是如果切成丝儿，

也能像面条一样被吃掉。

即便是先用手去抓，而不是用叉子吃也不要去纠正他们，

总之要让孩子们感受到这是自己的吃饭时间。

🥄 做法

1. 用萝卜和海带制作肉汤。

2. 将胡萝卜、苹果、西葫芦、洋葱切成丝儿,倒入第一步的肉汤煮,直至像面条一样拉长。

3. 用漏勺将第二步的肉汤过滤出来。

4. 将面条剪成方便孩子食用的大小,每根面条剪成3～4份即可,然后放入沸水煮。

5. 待第四步的面熟后捞出来,用冷水过一下,然后滤出水分。

6. 将蛋清和蛋黄分离,制成摊鸡蛋,然后切成丝儿。

7. 在煮好切碎的牛肉里加入香油炒制。

8. 将第三步的蔬菜和第五步的面条混合在一起。

9. 放上第六步的鸡蛋后在倒入第三步的肉汤。

10. 撒上第七步的牛肉。

呼噜噜

番茄松子拌面

适合夏季食用的爽口面条当属拌面啦。
油溶性番茄所含有的番茄红素在抗氧化方面有很好的作用，
与松子或核桃这类含脂质成分的材料一起使用，会提高体内的吸收率，
因此非常适合一起食用。此外，味道也很香醇。

📋 材料

- 米粉40~50根
- 牛肉15克
- 番茄1/2个
- 松子3克
- 梨30克
- 梨30克
- 香油少许

1. 番茄顶部切出十字花形后用沸水焯一下，然后去皮。

2. 将第一步的番茄与松子、梨一起放入搅拌机里搅。

3. 黄瓜和红灯笼椒去皮后切成5~8毫米大小。

4. 用香油炒一下煮熟切碎的牛肉。

5. 将每根面条3~4等分，便于孩子食用，然后放到沸水里煮。

6. 待第五步的面条煮熟后捞出，用冷水过一下后去除水分。

7. 将第二步制成的调料倒入第六步的面条里。

8. 将第三步的蔬菜和第四步的牛肉作为装饰品撒在面条上。

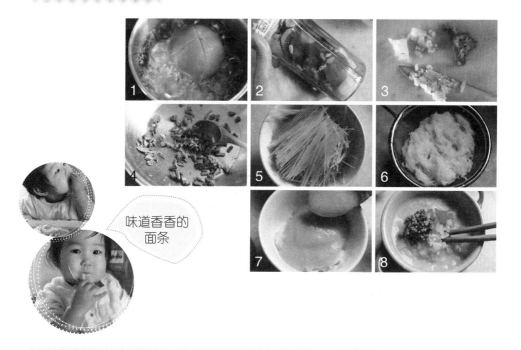

味道香香的
面条

🍴 草莓拌面

面条

【材料】面条40~50根，草莓2~3个。

【做法】草莓用擦板擦，制成调味汁，然后按照番茄松子拌面的方法，将草莓汁倒入面中，然后将剩余的草莓切碎撒在上面做装饰。

3倍粥

什锦炒菜盖饭

这是一款被博友称为最完美的食谱。

它是胜雅出生以来吃得最多的、最喜欢的的食物。

材料

- 稀饭50~60克
- 猪肉15克
- 牛肉15克
- 洋葱10克
- 西葫芦10克
- 菠菜10克
- 杏鲍菇10克
- 胡萝卜10克
- 粉丝50克
- 香油1小勺
- 蔬菜汁100毫升
- 淀粉混合物（1小勺淀粉+3小勺水）

做法

1. 胡萝卜放入沸水中煮熟，菠菜稍微焯一下。

2. 将第一步的胡萝卜和菠菜叶，外加洋葱、杏鲍菇头部、西葫芦都切成5~8毫米大小，牛肉煮熟后切成5~8毫米大小。

3. 猪肉切碎后与第二步的牛肉混合，然后加入500毫升的蔬菜汁炒。

4. 第二步的材料里也加入50毫升的蔬菜汁，煮至黏稠。

5. 粉丝用沸水煮至很容易就断的程度，然后用凉水过一下后去除水分。

6. 将第四步的粉丝切成5~8毫米大小。

7. 待第六步的蔬菜熟到一定程度时加入第三步的肉和第五步的粉丝，再加入香油炒。

8. 倒入少许肉汤成汤状，然后加入淀粉使之黏稠。

9. 将第八步的材料浇盖到稀饭上。

总也吃不够

351

虾肉泰式炒面

浓缩的蔬菜汁含有甜味和其他美味，

虾肉的香与之正好搭配，因此即便是没有调料、盐、酱油等，也是非常美味的。

我是属于平时闲暇的时候也不怎么热衷调制调料的人，

然而到目前为止，我认为与食材的味道相比，似乎调料也很重要。

这是研制辅食的过程中学到新知识的心得。

做法

材料

- 米粉30~40克
- 虾肉20克
- 洋葱10克
- 西葫芦10克
- 红灯笼椒10克
- 绿豆芽20克
- 鸡蛋1个
- 香油2小勺

1. 将洋葱、西葫芦和去了皮的红灯笼椒切成5~8毫米大小。

2. 绿豆芽用沸水煮熟后切成5~8毫米大小。

3. 大虾处理好之后切成5~8毫米大小。

4. 鸡蛋做成炒蛋。

5. 将每根面条3~4等分，便于孩子食用，然后用沸水煮。

6. 待第五·步的面条煮熟后用冷水过一下，然后去除水分。

7. 将1~3步的材料中倒入蔬菜汁炒。

8. 将第五步的面条倒入第七步中炒，然后加入第四步的鸡蛋继续炒。

9. 待水分消失时撒入香油用大火再炒一下。

炒到剩一点点水为止。

妈妈，怎么会这么好吃呢

353

土豆蟹肉意大利蛋饼

在作为间食也非常合适的意大利蛋饼里加入稀饭的话，
可以成为非常实惠的特别食谱。

🍚 材料

- 稀饭50~60克
- 蟹肉50克
- 土豆5克
- 红灯笼椒5克
- 西葫芦5克
- 西蓝花5克
- 儿童奶酪1/2张
- 配方奶（母乳）50毫升
- 鸡蛋1/2个

1. 螃蟹蒸熟取肉。

2. 将西葫芦与去皮的土豆、洋葱、红灯笼椒都切成5~8毫米大小。

3. 西蓝花用沸水稍微焯一下后将花部切成5~8毫米大小。

4. 炒制第二步的蔬菜。

5. 待蔬菜呈透明状态时加入稀饭，用小火像做炒饭一样翻炒。

6. 鸡蛋搅碎后去除蛋清。

7. 将第六步的鸡蛋与配方奶（母乳）混合。

8. 将第五步的饭倒入烤箱用容器里，上面撒上蟹肉，再倒入第七步的材料。

9. 上面放上第三步的西蓝花和儿童奶酪。

10. 用175°高温烤制20分钟左右。

真的好好吃呢

茄盒

曾经去希腊和土耳其旅游过，
尝试过把当时吃过的茄盒做给胜雅吃。
希腊名吃茄盒是如何转换成辅食的呢？

- 稀饭50克
- 牛肉30克
- 茄子30克
- 土豆30克
- 洋葱20克
- 胡萝卜20克
- 糙米油1小勺
- 白干酪20克
- 儿童奶酪1/2张
- 番茄酱100克
- 糙米油1小勺

蔬菜饭调味汁:

- 配方奶(母乳)
100毫升
- 淀粉混合物(1小勺淀
粉+3小勺水)

做法

1. 茄子去皮后切成5~8毫米大小,然后倒入30毫升肉汤炒。待茄子熟到一定程度时加入1/2勺糙米油用大火炒。

2. 土豆去皮后切成5~8毫米大小,然后淡入100毫升肉汤炒。待土豆熟到一定程度时加入1/2勺糙米油用大火炒。

3. 牛肉切成5~8毫米大小。

4. 洋葱和胡萝卜切碎后与第三步的牛肉一起炒,然后加入稀饭再稍微炒一下。

5. 将番茄汁加入第四步的材料里炒,直至熬干,制成甜菜调味汁。

6. 将甜菜调味汁盛放到烤箱专用容器中。

7. 上上面铺上第二步的土豆。

8. 再在上面铺上第一步的茄子,然后再重新淋上一层甜菜调味汁。

9. 将配方奶(母乳)煮沸,加入淀粉混合物煮至黏稠,制成奶汁后浇在上方。

10. 再在上面放上第二步的土豆和第一步的茄子。

11. 最后再淋上一层甜菜调味汁,和儿童奶酪。

12. 浇上白干酪后放置到175°的烤箱高温烤制。

357

特餐

汉堡牛排

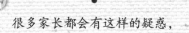

很多家长都会有这样的疑惑，
如果辅食不再是粥的形态，那么肉该如何摄取呢？
其实，我们可以偶尔将肉群切碎后做成汉堡牛排。

材料

- 稀饭50~60克
- 牛肉200克
- 猪肉70克
- 洋葱20克
- 口蘑10克
- 鸡蛋1/2个
- 大米面2小勺
- 番茄汁100克
- 淀粉混合物 (1小勺淀粉+3小勺水)
- 鹌鹑蛋1颗

做法

1. 洋葱一部分切碎放到水里炒一下。

2. 牛肉和猪肉切碎。

3. 将1~2步的材料加入人米面和鸡蛋糅合。

4. 待糅合到感到很劲道的时候做成圆形面饼。

5. 放到175° 高温的烤箱内烤制30分钟。

6. 余下的洋葱和去皮的口蘑头部切成5~8毫米大小, 然后加入用搅拌机搅过的番茄汁里煮。

7. 撒入第6步的淀粉混合物, 制成黏稠的调味汁。

8. 在平底锅里加入水煮沸, 打入鹌鹑蛋制成荷包蛋。

9. 在碗里铺上第七步的调味汁, 然后在上面放上烤过的第五步的牛排和第八步的荷包蛋, 再配上一碗米饭就完成了。

铺上一层铝箔纸会防止糊底。

按照当时的分量进行了4等分。

再配上点土豆就更美味了

359

蘑菇鸡蛋饼

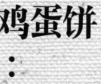

 将鸡蛋放入奶制品中混合后用漏勺过滤后，

可以制成更加柔软的鸡蛋饼。

📋 材料

- 稀饭50~60克
- 牛肉15克
- 口蘑20克
- 洋葱10克
- 红灯笼椒10克
- 番茄汁50克
- 鸡蛋1个
- 配方奶(母乳)
30毫升
- 蔬菜汁50毫升

1. 将去皮的红灯笼椒与口蘑头部、洋葱都切成5~8毫米大小后煮，然后加入牛肉和蔬菜汁一起炒。

2. 待蔬菜软到一定程度时倒入稀饭再煮一会。

3. 加入番茄汁将蔬菜炒至稀软。

4. 鸡蛋搅碎后用漏勺将蛋清过滤出去。

5. 待配方奶(母乳)冷却后混入鸡蛋。

6. 先将锅底烧热，倒入第五步的鸡蛋，待一面稍微有点熟时，放上第三步的饭，然后卷起来。

很适合搭配沙拉呦

甜菜蒸糕

. . . .

原本的蒸糕类食物中是需要放酱油、糖或者是蜂蜜的。
甚至有时根据情况还可以放焦糖糖浆，
但当时所有的这些调料都没有放，
只是用天然材料尝试制作了色香味俱全的蒸制食品。

362

🥄 做法

1. 将梨和甜菜去皮后加入100毫升水，放入搅拌机搅拌。

2. 将搅好的梨和甜菜用漏勺过滤，取汁。

3. 将大米和糯米倒入第二步2/3的汁水中浸泡。

4. 大枣煮至表皮没有褶皱后去皮切成5~8毫米大小。

5. 栗子去皮后切成5~8毫米大小。

6. 将第四步的大枣和第五步的栗子加入到第三步的米中，再浸泡3小时以上。

7. 用压力锅像做饭一样蒸米。

8. 米蒸熟后加入香油搅拌。

9. 将一部分米饭盛放到模具里。

10. 余下部分米饭加入用第二步剩余的1/3汁水制成的糖浆。

11. 将加有糖浆的米饭放入模具后倒出即可。

🍯 材料

- 糯米200克
- 粳米100克
- 甜菜80克
- 梨1个
- 栗子100克
- 大枣20克
- 香油1大勺

剩余蒸糕保存法

1. 将蒸好的蒸糕一块一块地用保鲜膜包好，像包糖一样卷起来。

2. 两侧留出多余的部分拧紧，方便外出的时候携带。

特餐

牛肉丸子

做牛肉丸子的时候需要选用里脊肉。
如果使用肉馅制作的话，可以将肉馅放到容器里，再放到冰箱里
发酵一天左右，这样味道更佳。

- 牛肉100克
- 淀粉1大勺
- 鸡蛋1/2个
- 小白菜10克
- 洋葱10克
- 口蘑10克
- 淀粉混合物（2小勺淀粉+6小勺水）
- 蔬菜汁100毫升

🥄 做法

1. 牛肉切碎后加入鸡蛋和淀粉糅合。

2. 揉至劲道十足，不往手上粘时，将其攒成圆球。

3. 放到160°的烤箱中烤制10分钟左右。

4. 将用沸水焯过的小白菜叶和洋葱、口蘑的头部切成5~8毫米大小。

5. 将第四步的材料里倒入蔬菜汁煮。

6. 将淀粉混合物倒入到第五步的材料中调浓度。

7. 放入第三步的丸子，煮至黏稠状。

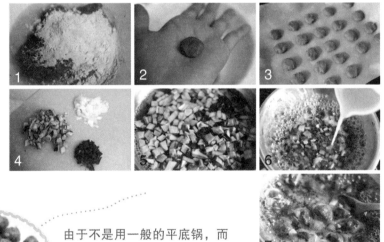

由于不是用一般的平底锅，而是用烤箱烤制过，因此可以最大限度地保留肉汁

小丸子一口一个，吧嗒吧嗒

汤

蟹肉汤

蟹肉汤特别柔软，不会卡到，而且蟹肉鲜美，

因此非常有自信地推荐给大家。

可以直接以汤的形式出现在孩子面前，也可以以盖浇饭的形式浇盖到饭上给孩子。

1. 洋葱切成5~8毫米大小，胡萝卜切成细丝。

2. 螃蟹蒸熟后取肉。

3. 将第一步的蔬菜加入到蔬菜汁里煮，然后加入第二步的蟹肉。

4. 用漏勺过滤出蛋清，直接加入到第三步的材料里煮。

5. 倒入淀粉混合物，边调浓度，边煮。

🥘 材料

▫ 牛肉15克

▫ 蟹肉50克

▫ 鸡蛋（蛋清）1个

▫ 胡萝卜10克

▫ 洋葱10克

▫ 香油1小勺

▫ 鸡汁200毫升

▫ 淀粉混合物（2小勺
淀粉+6小勺水）

什么时候
能给我啊~

也可以做成盖浇
饭的形式

特餐

豆腐膳

· · · · · · · · · · ·

想法虽然来源于豆腐膳，但实际上做出来的却是"豆腐饭堡包"。

虽然添加辅食后期就可以做给孩子吃，

但实际上更适合做婴儿餐。

🥄 做法

📋 材料

- 稀饭50~60克
- 鸡肉20克
- 豆腐2/3块
- 韭菜20克
- 红灯笼椒20克
- 糙米油少许

1. 豆腐用刀背压碎。

2. 将压碎的豆腐盛放到棉布里包裹。

3. 将搅碎的鸡肉和蛋黄放入第二步的豆腐里糅合, 直至劲道。

4. 将红灯笼椒和韭菜切成5~8毫米大小后加入糙米油炒一下。

5. 将稀饭加入到第四步的材料中一起炒。

6. 蒸锅上铺上棉布后将第三步的糅合物放入其中, 然后再在上方撒上第五步的材料。

7. 在上面再覆一层第三步的糅合物后用蒸锅蒸15~20分钟。

8. 切成便于孩子食用的大小。

再给
我点吧

嫩豆腐鸡蛋羹

蔬菜汁、香浓的鸡蛋和嫩豆腐
非常适合搭配在一起，即使不放调料也会很美味。
嫩豆腐热的时候吃会有危险，因此一定要等到冷却后才能喂食。

🥄 做法

1. 蔬菜汁煮沸。

2. 将西葫芦、洋葱、蟹味菇切碎后放入第一步的蔬菜汁里煮。

3. 鸡蛋搅碎后用漏勺滤出蛋清。

4. 将第三步的鸡蛋慢慢加入到第二步的材料里，文火煮。

5. 一点一点加入嫩豆腐煮沸。

可以与牛肉稀饭一起吃

不放调料也很美味

汤

虾丸汤

将虾肉用搅拌机搅会形成柔软的颗粒，
因此放入孩子的嘴里会很容易被他们碾碎。

材料

- 虾肉50克
- 洋葱5克
- 胡萝卜5克
- 淀粉1小勺
- 小红萝卜10克
- 西葫芦10克
- 蔬菜汁200毫升

做法

1. 大虾去皮、去内脏。

2. 将第一步处理过的虾肉和洋葱、胡萝卜一起放入搅拌机搅,中途加入淀粉接着搅。

3. 将完成的面饼揪成一个一个的圆球。

4. 将西葫芦和小红萝卜切成5~8毫米大小。

5. 将第四步的蔬菜放入到蔬菜汁里煮。

6. 待蔬菜熟到一定程度时加入第三步的虾肉丸子继续煮。

虾肉丸子非常柔软

咦? 全都吃没了

土豆团子

曾尝试过制作意式疙瘩汤--土豆团子。

如果按照意式做法会很劲道，这对于孩子的胃来说会有一定的负担，

因此做成了法式的土豆团子。

🖉 做法

1. 土豆煮熟后趁热碾碎。

2. 黄油放到平底锅里用文火融化，并快速混入面粉。

3. 第二步完成后关火，打入鸡蛋。

4. 将鸡蛋迅速与第三步的材料混合，形成泡芙面饼。

5. 将第四步的泡芙面饼加入到第一步的土豆里糅合。

6. 将第五步的面饼制成小的椭圆形，然后用叉子压成意式团子形态。

7. 将第六步的团子放入到沸水中，待煮到漂到水上面时马上捞出来。

8. 将意式团子盛放到烤箱专用容器里，撒上番茄酱。

9. 西蓝花用沸水稍微焯一下后将花部切碎，撒到第八步的材料上。

10. 最后铺上儿童奶酪，放到190°高温的烤箱中烤制15分钟左右。

🍴 番茄甜菜调味汁

调味汁

【材料】番茄1个，洋葱15克，甜菜5克，淀粉混合物（1小勺淀粉+3小勺水）。

【做法】番茄与洋葱用沸水稍微焯一下，然后与苹果、甜菜一起放入搅拌机搅，之后煮沸，加入淀粉混合物后再稍微煮一下。

稀饭豆腐肉饼

肉饼用蒸的方法来做是因为煎制的方法不能长时间保温。

蒸的话可以让肉和蔬菜熟透，煎的话可以增加食材的味道，

大家可以根据实际情况进行活用。

蒸稀饭豆腐肉饼是少刷油烘烤，

此时，撒入搅好的鸡蛋后煎也可以，不撒鸡蛋，两面翻着煎也行。

- 稀饭40~50克
- 猪肉(里脊)30克
- 豆腐2/3块
- 红灯笼椒5克
- 胡萝卜5克
- 洋葱20克
- 韭菜5克
- 糙米油少许
- 鸡汁30毫升

做法

1. 将去皮的红灯笼椒和萝卜、洋葱、韭菜切成5~8毫米大小。

2. 将30毫升鸡汁加入到第一步的蔬菜里翻炒。

3. 豆腐用刀背碾碎。

4. 将第三步的豆腐和第二步炒好的蔬菜放入棉布里, 过滤出水分。

5. 将稀饭与第四步的材料充分混合。

6. 将猪肉放到搅拌机里搅碎, 然后放入到第五步的材料里糅合。

7. 将糅合好的面饼制成肉饼形状。

8. 将肉饼放入蒸锅蒸7~10分钟。

9. 将蒸好的肉饼放入到涂有糙米油的平底锅里煎。

吃一大口

蒸过之后再煎

鸡肉奶油炖汤

胜雅的第一个圣诞节，

为了迎合节日的气氛而尝试制作了奶油炖汤。

育儿的过程中，无论是孩子还是妈妈基本上没有什么节日的概念，

但是即使是在家过节，也要用食物来烘托出节日的气氛。

材料

- 鸡肉60克
- 红灯笼椒30克
- 西葫芦30克
- 口蘑30克
- 鸡汁50毫升
- 液态生奶油50克

1. 将去皮的红灯笼椒切成5～8毫米大小。
2. 将口蘑的头部去皮后切成5～8毫米大小。
3. 西葫芦也切成5～8毫米大小。
4. 将鸡汁倒入煮熟切碎的鸡肉和1～3步的材料里煮。
5. 待蔬菜熟到一定程度时加入液态生奶油，煮到熟透为止。

圣诞快乐

肉糕

· · · · · · · · · ·

为了纪念圣诞节而制作了肉糕。

虽然现在还是连圣诞老爷爷都不知道的年龄，

但还是为了能让胜雅感受到圣诞的气息而制作了圣诞餐。

如果能制作加有配方奶的土豆泥就更好啦。

🥄 做法

1. 将头部去皮的口蘑、洋葱、胡萝卜切成5~8毫米大小。
2. 牛肉和猪肉剁碎。
3. 将面包粉和鸡蛋加入到第一步的蔬菜里糅合（面包粉的制法请参照下面的食谱）。
4. 将面饼制成椭圆形。
5. 将面饼盛入到烤箱专用容器里。
6. 将番茄酱均匀涂抹在面饼上方，然后放入180°烤箱里烤制40分钟（番茄汁的制法请参照134页）。

🛍 材料

- □ 牛肉150克
- □ 猪肉75克
- □ 鸡蛋1个
- □ 面包粉100克
- □ 口蘑30克
- □ 胡萝卜30克
- □ 洋葱30克
- □ 番茄酱100克

由于肉汁都流出，所以没有去血水的必要了。

今天也是圣诞节

根据实际的分量制成了两块。

🍴 湿面包粉

面包粉

【材料】面包
【做法】面包放入搅拌机搅碎（在制作干面包粉的时候需要将面包放到微波炉里转一下去除水分后，用相同的方法用搅拌机搅碎即可）。

特餐

番茄盅饭

 不仅用大番茄做过，还曾尝试过用小番茄来制作。

番茄皮有可能卡嗓子，因此一定要去掉。

番茄的果汁渗入到饭里使味道更加鲜美。

🥄 做法

1. 将洗净的番茄底部切下薄薄的一层。

2. 上方也切下一块，切下的部分可以当盖子。

3. 用刀把番茄内部转个洞，然后用筷子将番茄内部的果肉抠出来。

4. 将去皮的红灯笼椒和口蘑头部、西葫芦、洋葱切成5~8毫米大小。

5. 将煮熟切碎的牛肉和稀饭，以及第四步的蔬菜放入到50毫升的肉汤中煮。

6. 将番茄酱倒入第五步的材料中炒制黏稠（番茄汁的制法请参照134页）。

7. 将第六步的饭加入到第三步的番茄粒，然后再铺上1/4张奶酪。

8. 在奶酪上面再次铺上第六步的饭，之后再铺上1/4张奶酪。

9. 放入180°高温的烤箱中烤制15分钟。

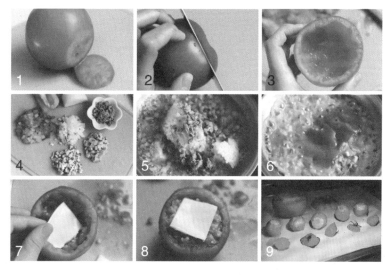

我喜欢的番茄

吃的时候一定要去皮

3倍粥

水果寿司

· · · · · · · · · ·

用天然材料制成的食醋来制作寿司，将鱼换成
甜美新鲜的水果会成为非常美味的水果寿司的。
这是一款可以做给拒绝吃饭的孩子的水果饭。
多亏了这款水果饭，才让好几天不吃饭的胜雅重新吃起饭来。

材料

- 稀饭50~60克
- 牛肉15克
- 水果（草莓、猕猴桃、梨、黄瓜、酪梨、菠萝、橙子等）

食醋：
- 柠檬汁2大勺
- 梨1/2个

做法

1. 将梨用搅拌机搅碎。
2. 将搅碎的梨用漏勺过滤，滤出梨汁。
3. 在煮梨汁的过程中加入柠檬汁。
4. 待煮到梨汁的颜色变深时，食醋就做好了。
5. 将去皮的水果切成薄片。
6. 将煮熟切碎的牛肉加入到稀饭里，然后倒入20毫升的肉汤再煮一遍。
7. 将第四步的食醋倒入第六步的材料里拌。
8. 将拌好的材料制成便于孩子食用的大小，上方覆上水果。

我什么时候拒绝过吃饭

蔬菜饭团

· · · · · · · ·

如果是像粥一样的形态，制成饭团后孩子会不容易食用。

可以将蔬菜和稀饭放到常温里一段时间，蒸发水分的同时冷却。

用烂烂的稀饭制成的饭团蘸上一层核桃粉的话，

就成了不粘手的、香喷喷的手抓食物。

材料

- 稀饭50~60克
- 牛肉15克
- 红灯笼椒10克
- 洋葱10克
- 口蘑10克
- 豌豆10克
- 香油1小勺

🥄 做法

1. 将去皮的红灯笼椒、口蘑头部和洋葱切碎。

2. 豌豆煮熟去皮后切成两半。

3. 将50毫升的肉汤倒入到1~2步的材料里煮，然后蒸发水分冷却。

4. 稀饭煮熟后加入加入牛肉，然后再倒入30毫升的肉汤后煮，煮熟后蒸发水分冷却。

5. 将第三步的蔬菜和第四步的饭混合在一起，加入香油搅拌。

6. 将拌好的饭攒成孩子能一口吃掉的圆球。

一口一个，吧嗒吧嗒

蘸核桃粉

【材料】核桃30克

1. 将核桃放在搅拌机里搅碎（核桃的处理方法请参照105页）。

2. 将饭团放到搅好的核桃粉里滚一圈。

387

虾肉饭团

在制作饭团的时候，稀饭太烂不好做，

孩子吃起来也不方便，可以尝试这样的做法。

用肉汤炒制切碎的蔬菜和虾肉，直至没有水分，将炒好的蔬菜放到稀饭里拌。

将饭放到一起，与炒的时候相比不粘手。

饭团外面再裹一层芝麻或坚果也不失为一种好方法。

♀ 做法

材料

- 稀饭50~60克
- 虾肉20克
- 韭菜15克
- 胡萝卜15克
- 蔬菜汁50毫升

1. 将胡萝卜和韭菜切碎，虾肉用搅拌机搅碎。

2. 将蔬菜汁倒入第一步的蔬菜里煮，然后再加入虾肉炒。

3. 将第二步的材料加入到稀饭里拌。

4. 将拌好的饭攒成孩子能一口吃掉的圆球。

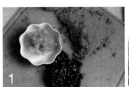

我就是个小吃货

🍴 芝麻饭团

【材料】稀饭50~60克，虾肉20克，口蘑15克，胡萝卜15克，洋葱15克，黑芝麻1大勺，芝麻1大勺，蔬菜汁50毫升。

【做法】将去皮的口蘑头部、胡萝卜、洋葱切碎后倒入蔬菜汁炒，直至蔬菜熟透，然后加入煮好切碎的牛肉后再稍微炒一下。将炒好的材料和稀饭拌好后制成圆团，将黑芝麻和芝麻分别用搅拌机搅碎，然后将做好的饭团在芝麻粉中滚一圈。

三色炒蛋盖浇饭

· · · · · · · · ·

如果吃腻了加入了肉和蔬菜的稀饭时，

可以尝试制作鸡汁盖浇饭。

甜菜、韭菜叶切碎了放入其中就成了营养丰富的炒蛋盖浇饭了。

材料

- 稀饭50~60克
- 牛肉15克
- 甜菜10克
- 韭菜10克
- 鸡蛋1个
- 糙米油少许
- 鸡汁100毫升

做法

1. 韭菜用搅拌机搅成汁。

2. 甜菜也用搅拌机搅成汁。

3. 鸡蛋取出蛋清后搅碎三等分。

4. 将第一步的韭菜汁和第二步的甜菜汁分别装入两个碗中，分别加入搅碎的鸡蛋搅拌，以防成块。

5. 平底锅涂上一层米糠油，然后将第四步的加入鸡蛋的材料分别炒一下。

6. 将煮好切碎的你肉加入到稀饭中，然后倒入150毫升的肉汤煮。

7. 将作为盖浇汤汁的鸡汁单独煮。

8. 将第六步的稀饭盛放到碗中，然后将第五步的炒蛋浇在上方，之后在浇上一层鸡汁。

因为是3种颜色，所以好吃是平时辅食的3倍

橙汁豆腐盖浇饭

添加辅食后期及结束期前半段为止，饭都需要以稀饭的形式出现。

此款盖浇饭是博友们回帖中所介绍的

"可以让得了肺炎之后厌食的孩子重拾胃口"的食谱。

与香甜的糖醋肉调味汁很相似。

🥄 做法

📋 材料

- 稀饭50~60克
- 牛肉15克
- 豆腐20克
- 淀粉适量
- 淀粉混合物
  （1小勺淀粉+3小勺水）
- 糙米油少许

蔬菜饭调味汁：

- 橙子1个（橙汁80克）
- 梨1/2个（梨汁80克）
- 西蓝花15克
- 洋葱15克
- 蔬菜汁50毫升

1. 橙子切成两半榨汁。

2. 梨用搅拌机搅碎后滤出梨汁。

3. 将第一步的橙汁与第二步的梨汁混合。

4. 将被切成5~8毫米的洋葱放入到第三步的材料里煮。

5. 待洋葱呈透明状时加入用沸水焯过切碎的西蓝花头部以及蔬菜汁，煮沸后制成调味汁。

6. 豆腐切成1厘米大小。

7. 将切好的豆腐裹上面粉。

8. 平底锅上抹上糙米油加热。

9. 倒入第五步的橙汁调味汁，煮到完全吸收调味汁。

10. 用淀粉混合物来调节浓度。

11. 煮熟稀饭，加入煮熟切碎的牛肉，然后倒入150毫升的肉汤煮，然后淋上第10步的材料。

又有
胃口了

393

南瓜奶酪芝士火锅

为了纪念胜雅出生那年的最后一天——12月31日，
想为她做点特别的食物。
可以和妈妈一起吃美味的南瓜芝士火锅正是那个时候想出来的。
无论是水果还是手抓食物，连熟透的蔬菜也与之非常搭调。

🥣 材料

- 稀饭50~60克
- 牛肉15克
- 茄子15克
- 豌豆15克

蔬菜饭调味汁：
- 南瓜400克
- 配方奶（母乳）100毫升
- 儿童奶酪1张

配料：
- 草莓
- 菠萝
- 猕猴桃
- 橘子
- 土豆
- 地瓜

🥄 做法

1. 茄子去皮后切成5~8毫米大小。

2. 豌豆煮熟去皮后切成两半。

3. 将煮熟切碎的牛肉加入到1~2步的材料里，然后倒入30毫升的肉汤炒。

4. 将第三步的材料与稀饭混合。

5. 将混合好的材料攒成圆团。

6. 煮配方奶（母乳）的时候加入煮熟碾碎的南瓜，煮至黏稠。

7. 最后加入1/2张儿童奶酪后放到火上加热。

8. 将第一步的火锅底料盛入碗中，上面铺上剩余的那1/2张奶酪。

9. 将水果切成便于孩子食用的大小（土豆和地瓜需煮熟后再切）。

10. 用叉子叉着吃。

咔，
叉一个吃

煎饼配苹果蜜饯　　🍂 煎饼配杏果酱汁

📖 准备材料

▫ 大米粉50克，梨20克，配方奶（母乳）50毫升，鸡蛋1个，苹果1/2个，梨1/4个

1. 用蛋清制成柔软的焗蛋泡。

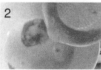
2. 将蛋清和用擦板擦过的梨加入到配方奶（母乳）中。

3. 将大米粉混入到第二步的材料里，然后再混入第一步的焗蛋泡。

4. 将糅合好的面饼摊到遇热后的平底锅里，待表面出现气泡的时候翻转继续烤。

*蜜饯原本是用水果熬，其中是不加糖的，只用水果熬。苹果一部分切碎，另一部分与梨一起用擦板擦，然后加入100毫升水熬至黏稠。

📖 准备材料

▫ 煎饼3张，杏果1/2个

1. 杏果去皮、去核后用刀背碾碎。

2. 加入5毫升水熬至水分都散发没为止，制成杏果酱汁。

3. 将杏果酱汁浇盖在煎饼上（煎饼的制作方法请参考左侧的食谱）。

*酱汁是指用水果磨出来者是将果汁与糖一起熬出来的东西。但由于是给小孩子吃，所以做的时候不需要放糖。

南瓜胡萝卜蛋糕　草莓酱夹心饼

准备材料
- 大米粉30克，胡萝卜20克，南瓜20克，苹果10克，糙米油1小勺，鸡蛋1个

1. 将胡萝卜和南瓜煮熟后用搅拌机搅碎。

2. 在白米粉、蛋黄、糙米油里加入用擦板擦出来的苹果和第一步的材料。

3. 蛋清制成焗蛋泡后与第二步的面饼混合在一起。

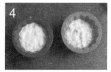
4. 将第三步的面饼倒入到松饼模具里，然后放到175°高温的烤箱里烤制15分钟。

*第三步的制作重点在于混入焗蛋泡的时候一定不能让它蔫儿。用焗蛋泡做出来的糕点即使在添加辅食中期给孩子吃也是非常合适的，因为它非常的柔软。

准备材料
- 面粉（中筋粉）55克，配方奶（母乳）50毫升，鸡蛋1个，液态生奶油40毫升，黄油（油）少许，草莓酱适量，草莓2个

1. 面粉用漏勺过滤后加入液态生奶油和配方奶（母乳）搅和。

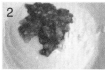
2. 草莓切碎后加入到第一步里糅合。

3. 将蛋清打成焗蛋泡后加入到第二步的材料里继续糅合。

4. 在预热的平底锅里抹上薄薄一层黄油，然后将面饼摊在锅上，待表面出现气泡是翻转继续烤熟。

在一面上抹上草莓酱后即可完成（草莓酱的制法请参照137页）。

*由于是给小孩子吃的煎饼，因此需要用文火烤制时间长一点。

399

儿童面包

准备材料

▢ 面粉（高筋粉）300克，配方奶（母乳）100毫升，酸奶120毫升，酵母菌4克

1. 先将酸奶和配方奶（母乳）倒入面包机里（用手糅合也可以）。

2. 将面粉用漏勺过滤到第一步的液体里，然后在上面撒上酵母菌后再加入面粉糅合。

3. 面饼完成后取出，进行1小时左右的1次发酵（也可以使用烤箱的发酵功能）。

4. 将面饼擀成薄片，去除里面的气体后卷成圆卷，上面盖上湿棉布，进行1小时30分钟左右的两次发酵。之后放到170°高温的烤箱里烤制25分钟。

*在进行第四步的过程中，先从左往右折，然后从下往上卷。将烤制好的面包切成面包片给孩子。

 香蕉核桃磅蛋糕

准备材料

▢ 黄油40克，面粉（低筋粉）85克，鸡蛋1个，配方奶（母乳）20克，香蕉1个，核桃20克

1. 将黄油制成奶油后加入蛋黄和面粉（奶油的制作方法请参照142页）。

2. 将配方奶（母乳）加入到第一步的材料里糅合，蛋清打成焗蛋泡后加入到面饼中。

3. 核桃用搅拌机搅碎，香蕉用叉子碾碎后加入到面饼里继续糅合。

4. 将面饼放入到模具中，到达模具的80%即可，将表面整理平整后放入到170°高温的烤箱里烤制25分钟。

*香蕉的加入使蛋糕能够保持湿润。黄油放置到常温下会变软，搅拌的话即可成为奶油。

南瓜慕斯蛋糕

 # 猕猴桃酱蛋糕

准备材料

▫ 南瓜125克，配方奶（母乳）50毫升，液态生奶油50克，明胶1张

1. 南瓜蒸熟后加入配方奶（母乳），放入搅拌机搅拌。

2. 明胶放到水里浸泡一下，取出之后蒸化，然后混入到第一步的材料。

3. 将液态生奶油制成80%~90%的鲜奶油，然后混入到第二步的材料里。

4. 将制好的材料装入到容器里，之后放到冰箱冷却1小时。

*将100毫升的水加入到正好南瓜里，然后用搅拌机搅拌，煮熟后混入明胶放置1小时后倒入上面介绍的食谱里，然后放到冰箱冷却1小时味道会更佳。

准备材料

▫ 猕猴桃50克，梨浆3大勺，鸡蛋1/2个，面粉（中筋粉）70克，烘焙苏打1克

1. 将一部分猕猴桃放到搅拌机里搅拌。

2. 将面粉和烘焙苏打用漏勺过滤一下后混入鸡蛋。

3. 加入第二步的梨浆和第一步的猕猴桃糅合成面饼（梨浆的制法请参照133页）。

4. 将面饼加入到容器里，用蒸锅蒸15~20分钟。

*如果不喜欢酸酸的水果，可以加入梨浆来一起制作。

 # 蟹肉蛋糕

准备材料

▫ 蟹肉30克, 虾肉20克, 西葫芦10克, 胡萝卜10克, 洋葱10克, 鸡蛋 (蛋黄) 1/2个, 淀粉2小勺

1. 将洋葱、西葫芦、胡萝卜和虾肉切碎, 撕下蟹肉。

2. 将蛋黄和淀粉混入第一步的材料里。

3. 将完成的面饼填入模具里。

4. 用蒸锅蒸5~7分钟。

*蟹肉蛋糕原本是将面包粉加入到蟹肉里炸的食物, 但是在制作的过程中省略了面包粉和调味汁, 最终做成了儿童食品。将蒸好的蛋糕稍微烤一下也不错。

杧果意式奶油布丁

香蕉豆浆奶油布丁

准备材料

▫ 配方奶（母乳）100毫升，琼脂粉1克，杧果1/2个

准备材料

▫ 绿心黑豆100克，香蕉1个，寒天粉2克

 1. 将寒天粉加入到20毫升的水中浸泡，泡好后煮沸。

 2. 将配方奶（母乳）加入到第一步的材料里煮沸。

 3. 将煮好的材料装入容器，放置到冰箱冷却1小时。

 4. 用刀背将杧果碾碎后加入到第三步的材料里。

 1. 将绿心黑豆用水浸泡大半天后与香蕉和300毫升的水一起放到搅拌机里搅拌。

 2. 将100毫升的水加入到寒天粉里融化煮沸。

 3. 待第二步的粉末溶解后加入到第一步的材料里一起煮。

 4. 待煮出泡泡后关火，装入到容器里冷却，然后放入冰箱冷却1小时。

*奶油布丁是被称为"加热的奶油"的意式冷盘。与其把它制成圆鼓鼓的样子，不如制成可以舀着吃的布丁形态。

*如果想做得更柔软些，可以用漏勺过滤一些豆浆到第一步的材料里。

杜果冻

酸奶杜果冻

准备材料

杜果1/2个，琼脂粉2克

准备材料

寒天粉2克，配方奶（母乳）50毫升，酸奶100毫升，杜果适量

1. 杜果用搅拌机搅碎。

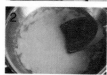

2. 将寒天粉加入到100毫升的水中浸泡，溶化后加入到第一步的杜果里，然后煮沸。

3. 将第二步的材料倒入到磨具里，放冰箱冷却30分钟。

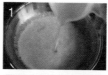

1. 将寒天粉放入50毫升的水中浸泡，待融化后加入配方奶（母乳）煮沸。

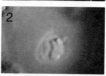

2. 将酸奶加入到第一步的材料里，边煮边搅。

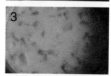

3. 杜果切碎后加入到第一步的材料里，然后撤火。

4. 将第三步的材料倒入到模具里，然后放到冰箱里冷却30分钟。

*能够制成冻，一定要有琼脂的加入。

*可以将其他的水果用同样的方法加入其中。

甜柿子冻

 # 橙子冻

准备材料

□ 甜柿子1个, 寒天粉2克

准备材料

□ 橙子2个（橙汁200毫升）, 梨1/4个（梨汁100毫升）, 寒天粉4克

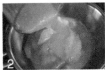

1. 将甜柿子去皮后去掉顶部白色的部分, 然后放到搅拌机里搅拌。

2. 将琼脂粉放到100毫升的水里泡, 泡好后煮化, 然后加入到第一步的材料里煮沸。

3. 将第二步的材料倒入模具里, 然后放到冰箱冷却30分钟。

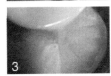
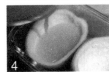

1. 橙子去掉里外皮后放到搅拌机里搅, 然后用漏勺将汁水过滤出去。

2. 梨也像橙子一样用搅拌机搅碎后再用漏勺滤出汁水。

3. 将寒天粉放到50毫升的水里泡, 然后煮化, 之后加入到1~2步的材料里煮, 直至黏稠。

4. 将橙子皮作为模具, 将第三步的材料倒入其中, 之后放到冰箱冷却30分钟。

*用新鲜水果制成的水果冻作为间食是再好不过了。

*在第三步的时候, 制作中间如有泡沫产生, 需要将泡沫捞出来。

🌸 梨冻

🍯 准备材料

▫ 梨1个，水50毫升，琼脂粉2克

1. 将梨的1/4切碎。

2. 剩下的3/4用搅拌机搅碎。

3. 将琼脂粉放到50毫升的水里泡，然后煮化，之后加入到第二步的梨里煮，直至黏稠。

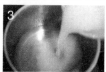

4. 将第一步切碎的梨放入到模具里，然后再倒上第三步的材料，之后放冰箱冷却1小时。

*由于用寒天粉也能制成漂亮、弹性十足的冻，因此就没有必要再给孩子买果冻吃了。

🌸 苹果冻

🍯 准备材料

▫ 苹果1个，琼脂粉2克

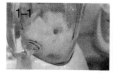

方法1：

1. 将苹果和100毫升的水放到搅拌机里搅。
2. 将琼脂粉放到50毫升的水里泡，然后煮化，之后加入到第一步的材料里煮，直至黏稠，将煮好的材料倒入到模具里，冷却后放到冰箱冷却1小时。

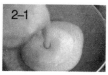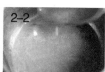

方法2：

1. 苹果放到搅拌机里，用漏勺滤出苹果汁。
2. 将粉放到50毫升的水里泡，然后煮化，之后加入到1~2步的材料里煮，直至黏稠。将搅碎的苹果倒入到模具里垫底，而后将煮好的材料倒入到上方，冷却后放到冰箱冷却1小时。

*大家可以从两种方法中选择自己觉得方便的即可。

 # 橘子冻

 # 甜瓜冻

准备材料

▫ 橘子1个（橘子汁100毫升），果胶1张

准备材料

▫ 甜瓜100克，果胶1张

1. 橘子切成两半后挤出汁水。

2. 将第一步的橘子汁放到小锅里煮，将果胶用水浸泡5分钟后加入到小锅里。

3. 煮到果胶完全融化后倒入到模具里，待冷却后放到冰箱里冷却30分钟。

好吃极了

*对于从喜欢地瓜到喜欢橘子的胜雅来说，橘子冻是再好不过地选择了。

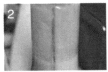

1. 甜瓜去皮、去籽后切成适当大小。

2. 将第一步的甜瓜放到搅拌机里搅碎，然后煮沸。

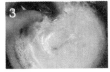

3. 将果胶放到水里浸泡5分钟后加入到第二步的材料里煮。

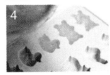

4. 将煮好的材料倒入到模具里，冷却后放到冰箱冷却3小时。

*将搅拌后过滤出来的甜瓜汁给孩子喝也非常不错。

🟤 老南瓜粥

📦 准备材料

▫ 老南瓜500克，糯米粉50克

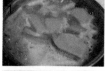
1. 老南瓜去皮、去籽后煮熟。

2. 将第一步的南瓜放入到搅拌机里搅。

3. 将200毫升的水倒入到糯米粉里搅拌。

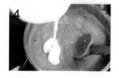
4. 用中火煮第二步的材料，然后加入第三步的材料后煮至黏稠。

*老南瓜由于非常硬，所以收拾起来比较费事，与其打皮，不如用刀将皮切下去更好。第一步过程中不煮，用蒸的方法也可以。

🟤 酪梨杏鲍菇洋葱汤

📦 准备材料

▫ 杏鲍菇15克，酪梨1/2个，洋葱15克，淀粉混合物（1小勺淀粉+3小勺水），配方奶（母乳）100毫升

1. 将洋葱和杏鲍菇切碎。

2. 酪梨用擦板擦。

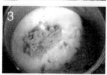
3. 将配方奶（母乳）加入到1~2步的材料里煮。

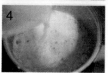
4. 煮沸后加入淀粉混合物，之后再煮两分钟。

*可以在汤里加入含有淀粉的材料（土豆或地瓜），或者加入半张儿童奶酪也可以。

黑芝麻地瓜汤

 准备材料

▫ 黑芝麻2小勺, 地瓜30克, 配方奶(母乳)
100毫升

1. 地瓜蒸熟后用刀背碾碎, 然后加入配方奶(母乳)煮。

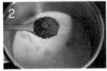
2. 将黑芝麻用搅拌机搅成粉末后加入到第一步的材料里煮沸。

要这么喝

*地瓜碾碎后加入磨碎的黑芝麻有利于消化, 是一款美味的汤品。

地瓜奶酪浓汤

准备材料

▫ 地瓜40克, 配方奶(母乳)100毫升, 儿童奶酪1/4张

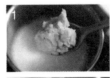
1. 地瓜蒸熟后用刀背碾碎, 放入配方奶(母乳)煮。

2. 加入儿童奶酪煮至黏稠。

*儿童奶酪需要选用含钠低的品种。

🥄 黄瓜卷心菜汤　　🥄 菠菜豌豆汤

📦 准备材料

▫ 配方奶（母乳）100毫升, 黄瓜30克, 卷心菜30克, 淀粉混合物（1小勺淀粉+3小勺水）

1. 卷心菜和黄瓜用搅拌机搅碎。

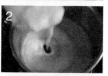

2. 煮配方奶（母乳）的过程中加入第一步的材料煮沸。

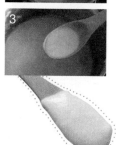

3. 倒入淀粉混合物煮至黏稠。

📦 准备材料

▫ 配方奶（母乳）100毫升, 菠菜40克, 豌豆40克

1. 菠菜和豌豆用沸水稍微焯一下。

2. 用搅拌机将第一步的材料和牛奶（母乳）搅拌。

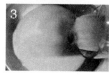

3. 将第二步的材料煮至黏稠即可。

每天都想吃

*醇香的一款汤品。有利于缓解便秘。

*孩子喜欢的香喷喷的味道。

 # 苹果香蕉奶油汤　 口蘑汤

准备材料

▫ 配方奶（母乳）70毫升，苹果40克，香蕉40克，液态生奶油30毫升

1. 将苹果、香蕉、配方奶（母乳）、液态生奶油一起用搅拌机搅拌。

2. 将第一步的材料煮至黏稠即可。

准备材料

▫ 配方奶（母乳）100毫升，口蘑60克，洋葱20克，面粉3克

1. 将一部分口蘑的头部去皮后切碎。

2. 剩余的口蘑和洋葱倒入奶油（母乳）中，然后用搅拌机搅碎。

3. 将搅好的第二步材料加入第一步的口蘑煮沸。

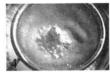

4. 用漏勺将面粉过滤后加入到汤中，煮至黏稠。

*胜雅总是缠着要吃的一款奶昔汤品。

*用口蘑和洋葱做汤的话，味道和香气是非常柔和的。口蘑去皮后不要磨，而要切。这是为了保留菌类的口感。

胡萝卜酸奶浓汤　番茄酪梨卤汁

准备材料

胡萝卜70克，苹果40克，酸奶20克

1. 胡萝卜和苹果切成适当大小后放入搅拌机里搅。

2. 将搅好的第一步材料煮至黏稠。

3. 将第二步材料冷却后加入酸奶。

*倒入酸奶前，一定要让汤充分冷却。

准备材料

番茄1/2个，酪梨1/2个，梨1/4个，柠檬汁2小勺，糙米油1小勺

1. 番茄上方切出十字花形后用沸水稍微焯一下，然后去皮切碎。

2. 酪梨切碎。

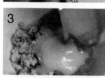
3. 将梨用搅拌机搅碎后加入到第一步的番茄和第二步的酪梨中，然后加入米糠油。

4. 挤入柠檬汁搅匀后放入冰箱发酵两小时。

*原本卤汁中是要放入食醋、橄榄油和盐的，但在实际的制作过程中将其改良为适合孩子食用的菜式。

蔬菜冷汤

 # 南瓜羊羹

准备材料

▫ 番茄200克，黄瓜20克，红灯笼椒30克，米糠油1小勺

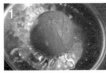
1.番茄上端切出十字花型后用沸水稍微焯一下去皮。

2. 将第一步的番茄与一部分红灯笼椒、一部分黄瓜放入到搅拌机里搅。

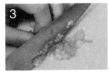
3. 剩余的红灯笼椒去皮切碎。

4. 剩余的黄瓜切碎后与第三步的红灯笼椒一起作为装饰品淋到第二步的材料上。最后撒上米糠油。

*蔬菜冷汤是一款源自西班牙的夏季冷汤品。不仅有番茄，还可以加入辣椒、洋葱、打算，此外还需要放入食醋和面包粉，但是，由于我们是做给孩子吃的，因此需要将这些刺激性食物都去掉。将第四步的糙米油省略也可以。

准备材料

▫ 南瓜250克，寒天粉2克

1. 南瓜蒸熟后用刀背碾碎。

2. 梨用擦板擦过后用漏勺过滤出梨汁煮沸。

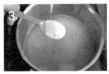
3. 将寒天粉放入到10毫升的水中浸泡后混入第二步的梨汁，然后再煮沸。

4. 寒天粉融化后加入第一步的南瓜，如果变得黏稠即可倒到盆中，然后倒入模具里放到冰箱冷却两小时。

*加入梨汁是为了让羊羹能够散发出甜味。

酪梨蟹肉沙拉

哇啊~

📖 准备材料

▫ 蟹肉30克,酪梨1/2个,酸奶3~4大勺

1. 酪梨切成5~8毫米大小。

2. 螃蟹用蒸锅蒸熟。

3. 取出蟹肉。

4. 将第三步的蟹肉和第一步的酪梨盛到碗里,然后浇上酸奶混合(酸奶的制作方法请参照139页)。

*酪梨蟹肉沙拉能够散发出清淡爽口的味道。

黑芝麻酱
水果沙拉

 # 杜果酪梨沙拉

准备材料

▫ 各种水果（甜瓜、甜柿子、苹果、橘子、香蕉等），酸奶40克，黑芝麻1小勺

准备材料

▫ 杜果50克，酪梨50克

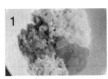
1.将各种水果处理好后切成便于孩子食用的大小，然后盛放到碗里。

1.杜果去皮、去核后切成1厘米大小。

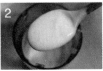
2. 将黑芝麻用搅拌机搅碎后混入酸奶，制成酱（酸奶的制法请参照139页）。

2.酪梨去皮、去核后切成5~8毫米大小。

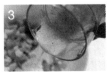
3. 将第二步的黑芝麻酱倒入到第一步的水果里。

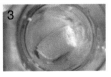
3. 将剩余的杜果与酪梨放入到搅拌机里搅，制成调味汁。

*可以用家里剩下的水果制成香喷喷、甜滋滋的黑芝麻酱水果沙拉。

*如果酪梨的果肉太硬不易熟的话，可以用沸水稍微焯一下后再使用。做调味汁的时候，如果加入香蕉的话味道会更佳。

 ## 香蕉苹果酸奶奶昔

 ## 甜柿子酸奶奶昔

准备材料

□ 香蕉50克，苹果50克，酸奶100毫升

准备材料

□ 甜柿子100克，酸奶100毫升

1. 苹果和香蕉切成条后加入到搅拌机里，然后加入酸奶。

2. 用搅拌机搅碎。

1. 甜柿子去根后去皮。

2. 将第一步的甜柿子和酸奶一起放入搅拌机里搅。

*奶昔是将乳制品加入到水果或果汁中制成的饮料。

*甜爽的味道。

奇异果酸奶奶昔

 # 甜瓜酸奶奶昔

🗑 **准备材料**

▫ 奇异果100克，酸奶100毫升

🗑 **准备材料**

▫ 甜瓜100克，酸奶100毫升

1. 奇异果去皮后切成适当大小。

1. 甜瓜去皮后切成适当大小，然后放入到搅拌机里。

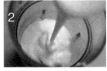
2. 将第一步的奇异果和酸奶倒入到搅拌机里搅。

2. 将第一步的甜瓜加入到酸奶里均匀搅拌。

*由于味道爽口，因此非常适合与玛德琳蛋糕等间食一起食用。

*甜爽的甜瓜酸奶奶昔不需要混在一起搅碎，只需将它们混合在一起即可。

草莓香蕉酸奶奶昔

准备材料

▫ 草莓50克, 香蕉50克, 酸奶100毫升

1. 草莓放到撒有发酵苏打的水里浸泡一下, 然后用流动的水洗净后取出草莓把。

2. 将第一步的草莓和香蕉、酸奶一起倒入搅拌机搅拌。

*大人小孩都可以享受到的美味间食。

杧果酸奶奶昔

准备材料

▫ 杧果1/2个, 酸奶100毫升

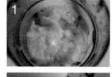
1.杧果去皮后将果肉搅碎。

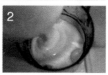
2.将第一步的杧果与酸奶用搅拌机搅拌。

*杧果不要全部搅碎, 留一部分切碎后加入其中, 这样口感更好。

南瓜芝麻奶昔　 # 菠菜香蕉奶昔

准备材料

▫ 南瓜70克，芝麻1小勺，配方奶（母乳）100毫升

准备材料

▫ 菠菜30克，香蕉40克，配方奶（母乳）100毫升

1. 南瓜蒸熟后去皮。

2. 将第一步的南瓜和配方奶（母乳）加入到搅拌机里。

3. 芝麻也放入搅拌机搅拌。

颜色非常美

1. 菠菜叶用沸水稍微焯一下。

2. 将第一步的菠菜和香蕉一起放入搅拌机。

3. 将配方奶（母乳）加入到第二步的材料里，用搅拌机一起搅拌。

这是长了绿色的胡子

*大人吃的时候只需将配方奶换成生牛奶即可。　*由于味道香甜，因此胜雅也吃得很香。

 ## 核桃香蕉奶昔　　 ## 甜瓜黄瓜果汁

🍚 准备材料

▫ 核桃10克，香蕉60克，配方奶（母乳）
100毫升

🍚 准备材料

▫ 甜瓜70克，黄瓜40克

1. 香蕉在用搅拌机搅之前先切成适当大小。

2. 核桃事先处理好（核桃的处理方法请参照105页）。

3. 将1~2步的材料装入搅拌机，然后倒入配方奶（母乳）一起搅拌。

1. 黄瓜去皮后从中间等分。

2. 甜瓜去皮、去籽后等分。

3. 将1~2步的材料放入到搅拌机里搅。

好香好好吃!

*由于有窒息的危险，因此核桃一定要保证是磨碎的状态。

*清爽甜美的甜瓜黄瓜果汁。

苹果卷心菜胡萝卜汁

甜菜苹果汁

准备材料
□ 卷心菜20克，苹果50克，葫芦波40克

准备材料
□ 苹果1/2个，甜菜30克

1. 卷心菜叶和胡萝卜用沸水煮两分钟。

2. 将苹果和第一步的材料放入搅拌机，然后加入50毫升水后搅拌。

1. 甜菜去皮后用沸水煮一下。

2. 苹果等切成块，便于搅拌。

3. 将1~2步的材料放入搅拌机搅。

*色泽鲜美，对孩子也非常好的健康果蔬汁。

*甜菜放在冰箱的时间越长，其甲酸盐的含量就会越高。因此，做辅食剩下的甜菜可以用来制作这款果蔬汁。

南瓜鸡蛋羹

准备材料

▫ 南瓜1/4个, 配方奶 (母乳) 30毫升, 鸡蛋1个

1. 南瓜蒸熟后掏出内核后装入搅拌机, 然后倒入配方奶 (母乳)。

2. 加入去除了蛋清的鸡蛋后搅拌。

3. 用漏勺过滤第二步的材料。

4. 将过滤出来的材料盛入碗中, 蒸10分钟。

*如果想让鸡蛋羹更加富有弹性, 可以减少南瓜的量。也可用猪肉汤来代替配方奶 (母乳)。

鸡蛋小馒头

准备材料

▫ 鸡蛋 (蛋黄) 2个, 淀粉1大勺, 配方奶 (母乳) 2小勺

1. 鸡蛋煮熟后取出蛋黄捣碎, 然后加1小勺水和淀粉。

2. 将配方奶加入到第一步的材料里糅合。

3. 制成便于孩子食用大小的小圆球。

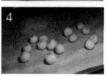
4. 将做好的小馒头放入铺有羊皮纸的180°高温的烤箱烤制15分钟。中途需要拿出来翻一下面。

*使用源自日本和光同社的鸡蛋小馒头食谱制作而成。

土豆玉米小馒头　 地瓜小馒头

准备材料

土豆100克，玉米30克，儿童奶酪1/2张

准备材料

红瓤地瓜100克，紫薯30克，儿童奶酪1/2张

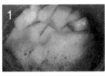 1.土豆等分后用沸水煮熟。

 2.将煮好的土豆趁热碾碎，然后混入儿童奶酪。

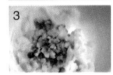 3.玉米也煮熟切碎后加入第二步的材料糅合。

 4.制成便于孩子食用的大小，放到180°高温的烤箱里烤制10~15分钟。

 1.将红瓤地瓜或紫薯烤制一下或者蒸熟后趁热碾碎，然后加入儿童奶酪。

 2.将材料糅合成面饼。

3.制成便于孩子食用的小圆球。

 4.放入180°高温的烤箱内烤制13~15分钟。

*凝结成奶皮，里面还包含有松脆的土豆。

*表皮光滑不黏手，里面还含有软软的地瓜。

🥔 白干酪开胃小菜　🥮 草莓薄饼和香蕉薄饼

🛍 准备材料

▫ 新鲜水果（橘子、酪梨、杜果、李子等），地瓜适量，豆腐适量，白干酪适量，糙米油少许

1. 豆腐切成一口就能吃掉的大小后稍微煎一下。

2. 将蒸熟的地瓜和水果也切成一口能吃掉的大小后放入盘中。

3. 上面覆上一层白干酪（白干酪的制法请参照140页）。

🛍 准备材料

▫ 面粉90克，配方奶（母乳）100毫升，鸡蛋1个，草莓适量，香蕉适量，奶酪适量，糙米油1小勺

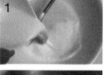

1. 鸡蛋搅碎后加入用漏勺滤过的面粉和配方奶，混合后糅合成面饼。

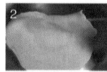

2. 待面饼呈能够流淌下来的形态时加入糙米油，混合好之后薄薄第一层摊到平底锅里煎。

3. 将奶酪均匀涂抹在上方，然后放上水果（奶酪的制法请参照143页）。

4. 将面饼卷起来，然后切成便于孩子食用的大小。

*代表性的手抓食品开胃小菜是孩子非常喜欢吃的一款间食。水果要选用熟透的。

*面饼要尽可能薄。

意式菠菜烘蛋

准备材料

▫ 蔬菜（小番茄，红灯笼椒，洋葱，西葫芦，口蘑，菠菜等各20~30克），牛肉30克，鸡肉30克，蔬菜汁100毫升，配方奶（母乳）50毫升，鸡蛋1/2个，白干酪15克，儿童奶酪1/2张

1. 将小番茄上方切出十字花形，用沸水焯一下去皮。菠菜也焯过之后切碎，将去皮的红灯笼椒和口蘑头部、洋葱、西葫芦等都切碎。

2. 将第一步中除了菠菜和番茄的材料用蔬菜汁炒一下再煮，然后再加入牛肉和鸡肉一起炒。

3. 鸡蛋与配方奶混合。

4. 将第二步的材料盛放到烤箱用容器里，然后倒入第三步的材料，之后盖浇上第一步的菠菜和番茄以及白干酪，儿童奶酪也切碎放入。处理好之后放入180°高温的烤箱中考试20~30分钟。

*意式菠菜烘蛋是一款意大利菜肴。与之相似的还有法国的乳蛋饼和韩国的蒸蛋等。此款间食不仅柔软，非常适合孩子食用，而且其中还含有多种蔬菜，因此是一款非常健康的食谱。

甜菜柿子蒸糕　　 豌豆蒸糕

准备材料

▫ 甜菜40克，柿子40克，大米粉10克

准备材料

▫ 豌豆60克，大米粉20克

1. 将煮好的甜菜和柿子切成5~8毫米大小，然后放入蒸锅。

2. 撒上米粉搅拌。

3. 蒸15分钟左右后去除水分。

1. 豌豆煮熟后去皮切成两半。

2. 将第一步的豌豆放入蒸锅后撒上大米粉拌。

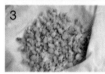
3. 用蒸锅蒸7~10分钟后去除水分。

*甜菜冷藏保管的话硝酸盐的指数会上升。因此最好买回来之后就马上食用。柿子需要选用表皮有黑斑的那种熟透的品种。

*豌豆需要煮到能够很容易就能碾碎的程度。

地瓜核桃蒸糕　　 # 杞果香蕉蒸糕

准备材料　　　　　　　　　　准备材料

▫ 地瓜70克，核桃10克，大米粉20~30克　　▫ 杞果40克，香蕉40克，大米粉20克

 1. 地瓜烤熟后按照其纹理将地瓜肉撕下来。

 1. 杞果和香蕉切成1厘米大小后放入蒸锅。

 2. 核桃仁用搅拌机搅碎后混入到第一步的地瓜里。

 2. 撒入大米粉拌。

 3. 将第二步的材料放入蒸锅，然后撒上大米粉拌。

 3. 用蒸锅蒸10~15分钟后去除水分。

 4. 用蒸锅蒸10~15分钟，去除水分。

*胜雅非常喜欢吃这款间食。但是，即便是孩子非常喜欢吃的东西，如果饭吃得少的话，也需要控制间食的摄入量。

*酸味水果不适合用来制作这款间食。

427

🍂 柿饼蒸糕　　　🍇 地瓜葡萄干罐头

🛍 准备材料

▫ 柿饼2个, 大米粉30克

🛍 准备材料

▫ 地瓜40克, 葡萄干10粒, 苹果40克

 1. 柿饼切成1厘米大小后放入蒸锅。

 1.地瓜蒸熟后切成5~8毫米大小。

 2. 撒上大米粉。

 2. 葡萄干用沸水稍微焯一下后切碎。

 3. 用蒸锅煮10~15分钟后去除水分。

 3. 苹果用搅拌机搅碎后倒入1~2步的材料里。

 4. 将50毫升水倒入第三步的材料里熬。

*劲道美味的柿饼蒸糕。

*葡萄干选用有机食品，在流通过程中为了提高保质期，因此会在表面涂上一层油，所以我们需要焯一下再使用。

好吃的妈妈
牌饼干

 # 虾肉饼干

准备材料

▫ 干虾粉2大勺，淀粉2大勺，鸡蛋（蛋清）2个

1. 将虾皮浸泡在水中1小时，去除咸味，然后再晾干。

2. 将晾干的虾皮用搅拌机搅碎。

3. 蛋清打成焗蛋泡。

4. 将第二步的虾粉和过滤过的淀粉加入到第三步材料里后糅合，然后制成圆饼，放置到100°高温的烤箱中烤制1小时左右。

*将干海鲜类的食材用于制作孩子的饮食时需要 先去除咸味，重点是要切得或者搅的细细的才 可以，以防孩子被扎到。

 地瓜核桃小馒头　　 南瓜蒸团子

准备材料

□ 地瓜70~100克，核桃10克，大米粉和面粉
（1:1比例）适量

 1. 地瓜烤熟或蒸熟后碾碎，核桃仁用搅拌机搅碎后混入，糅合成面饼。

 2. 团成小圆球。

 3. 将大米粉和面粉混合，然后把第二步的面球在里滚一圈。

 4. 蒸15分钟左右后在蘸一层大米粉和面粉，然后再蒸10分钟左右。

*由于是蒸两次，所以粉末能够更加均匀，做出来的小馒头也会更美味。

准备材料

□ 南瓜1/2个，大米粉和面粉（1:1比例）适量

 1. 南瓜蒸熟后去皮碾碎。

 2. 将碾碎的南瓜攒成球。

 3. 将大米粉和面粉混合，然后把第二步的小面球在上面滚一圈后蒸15分钟左右，之后再蘸一次粉面后再蒸。

*面粉会形成一层膜，上面再附上一层像马德拉蛋糕一般的大米粉，即使孩子用手抓着吃也不会沾到手上，是一款非常不错的营养间食。

奶酪蛋奶酥

 # 地瓜松子手指饼

准备材料

▫ 奶酪40克, 面粉(低筋粉)8克, 配方奶(母乳)50毫升, 鸡蛋1个

准备材料

▫ 地瓜100克, 松子3克, 儿童奶酪1/2张

1. 将蛋黄混入面粉糅合。

2. 将配方奶倒入第一步的材料里, 然后用文火煮, 之后加入奶酪继续搅拌(奶酪的制作方法请参照143页)。

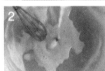

3. 将蛋清打出焗蛋泡, 然后加入到第二步的材料里, 轻轻搅拌。

4. 盛放到烤箱用容器里, 放到190°高温烤箱中烤制20分钟左右。

1. 将地瓜烤熟或蒸熟后碾碎, 然后混入儿童奶酪搅和, 制成手指模样。

2. 用搅拌机将松子搅碎, 把第一步的手指饼在上面蘸一圈(松子剁碎也可以)。

3. 放到150°高温的烤箱里烤制15分钟左右。

吧嗒吧嗒

*想让蛋奶酥不凹下去的话, 可以在结束烤制后不直接取出, 先放置一会。

*一定要做成手指模样, 多做一些放在那里随时喂食。

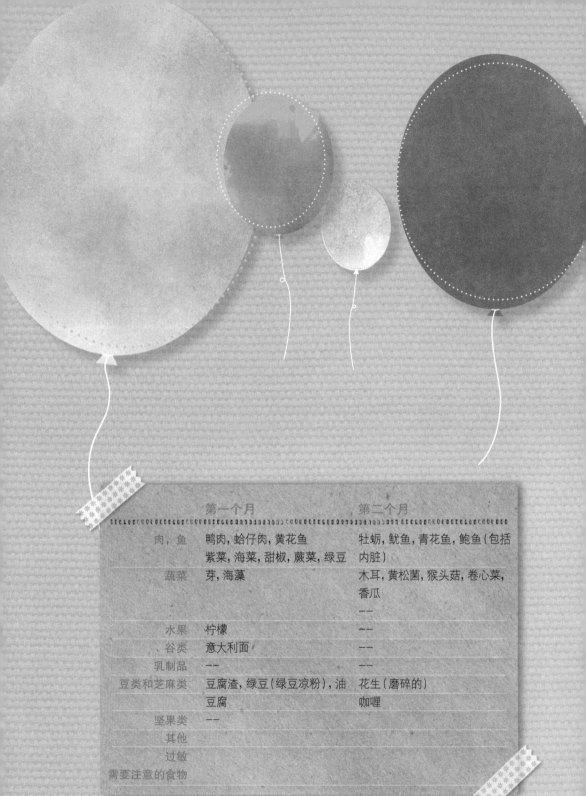

	第一个月	第二个月
肉，鱼	鸭肉，蛤仔肉，黄花鱼	牡蛎，鱿鱼，青花鱼，鲍鱼（包括内脏）
蔬菜	紫菜，海菜，甜椒，蕨菜，绿豆芽，海藻	木耳，黄松菌，猴头菇，卷心菜，香瓜
		——
水果	柠檬	——
谷类	意大利面	——
乳制品	——	
豆类和芝麻类	豆腐渣，绿豆（绿豆凉粉），油豆腐	花生（磨碎的）咖喱
坚果类	——	
其他		
过敏		
需要注意的食物		

结束期
辅食

蔬菜饭

蘑菇豆芽蔬菜饭

这是一款将蔬菜饭调味汁倒入饭里拌着吃的特餐。

在制作蘑菇豆芽蔬菜饭期间，充盈于厨房的香气会刺激孩子的食欲。

可以多做一些和孩子一起享用。

🍴材料（三碗分量）

- 大米80克
- 牛肉30克
- 口蘑30克
- 蟹味菇30克
- 豆芽30克
- 胡萝卜30克
- 蔬菜汁适量

蔬菜饭调味汁：

- 洋葱20克
- 红灯笼椒20克
- 胡萝卜20克
- 苹果40克

🥄 做法

1. 将洋葱、红灯笼椒、胡萝卜和苹果用搅拌机搅碎。

2. 将搅碎的材料用中火煮至黏稠，制成蔬菜饭调味汁。

3. 胡萝卜去皮后切成1厘米大小。

4. 蟹味菇切成1厘米大小。

5. 口蘑头部切成薄片。

6. 西葫芦切成1厘米大小。

7. 将泡过的大米放入高压锅，然后加入3～5步的材料和被切成两段的豆芽茎部。

8. 将煮好切碎的牛肉放入第七步的材料里，用蔬菜汁替代水来做饭，之后将做好的饭盛入碗中，再淋上蔬菜饭调味汁拌着吃即可。

酸酸甜甜的美味蔬菜饭调味汁

拌匀后尽享美味

稀饭

海带·牛肉稀饭

· · · · · · · · · ·

摄入过多的豆类会使体内的碘流失，
因此需要与海带等海草一起使用。
富含钙质和碘的海带虽然很滑，不易切，
但如果用像敲一样的方法来切的话会更容易些。

□ 稀饭80克
□ 牛肉15克
□ 海带20克

✎ 做法

1. 海带用水泡一下。

2. 将泡好的海带用淘米水浸泡大半天。

3. 只留海带叶切碎。

4. 将150毫升的肉汤倒入到稀饭里，然后加入煮好切碎的牛肉和第三步的海带，用中火煮熟。

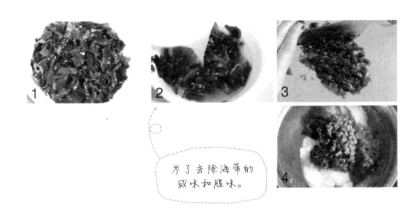

为了去除海带的咸味和腥味。

♨ 海带·豆腐·牛肉稀饭

【材料】稀饭50～60克，牛肉15克，海带15克，豆腐15克。

【做法】豆腐切成1厘米大小后按照"海带·牛肉稀饭"的顺序，与牛肉一起放入即可。

♨ 海带·胡萝卜·牛肉稀饭

【材料】稀饭50～60克，牛肉15克，海带15克，胡萝卜20克。

【做法】胡萝卜切成1厘米大小后按照"海带·牛肉稀饭"的顺序，与牛肉一起放入即可。

饭团

南瓜蔬菜饭团

· · · · · · · · · ·

胜雅周岁的时候，担心吃起饭来会很费劲，因此尝试制作的一款饭团。

外出的时候没有比饭团更方便的食物了。

438

材料

- 稀饭80克
- 牛肉15克
- 南瓜10克
- 洋葱10克
- 西蓝花10克

做法

1. 洋葱和西蓝花切碎，牛肉煮熟后切碎。
2. 将30毫升肉汤加入到第一步的材料里炒。
3. 南瓜蒸熟后碾碎，混入到稀饭里。
4. 将第二步和第三步的材料混合。
5. 攒成小圆球。

周岁宴那天漂亮的胜雅

圆圆的美味饭团

菠萝鱼丸炒饭

· · · · · · · ·

这是一款适合旅行或者外出的添加辅食食谱结束期。

待炒饭快要完成的时候放入菠萝翻搅一两次即可，

此时，菠萝所特有的味道会让饭更加爽口。在烤鱼丸的时候会稍微抹些油，

因此，在制作菠萝炒饭的时候不需要再加油了。

🥄 做法

1. 菠萝切成1厘米大小。

2. 红灯笼椒去皮后切成1厘米大小。

3. 鱼丸切成1厘米大小（手工鱼丸的制法请参照510页）。

4. 将海蜇肉汤倒入稀饭里，然后加入2~3步的材料炒。

5. 待炒饭马上要完成的时候加入第一步的菠萝翻搅一两次即可。

多亏了妈妈做的
辅食才让胜雅
能够茁壮成长

🍴 虾肉炒饭

【材料】稀饭50~60克，洋葱10克，西葫芦10克，胡萝卜10克，甜椒10克，虾肉30克，米糠油少许，海蜇肉汤50毫升。

【做法】将虾肉、洋葱、西葫芦、胡萝卜、甜椒切碎后倒入海蜇肉汤，先炒一下，然后倒入稀饭，再倒入米糠油继续炒，直至没有水分。

盖浇饭

三鲜盖浇饭

 在收拾胜雅没有吃完的晚饭时偶然品尝了一口后就问胜雅的妈妈"真的没有放任何调味料吗?"。

海鲜的鲜味真的是非常好。

让孩子吃得一点也不剩的一款添加辅食后期食谱。

做法

材料

- 稀饭80克
- 蟹肉10克
- 蛤仔肉10克
- 虾肉10克
- 甜椒10克
- 杏鲍菇10克
- 茄子10克
- 淀粉混合物（1小勺淀粉+3小勺水）
- 海蜓肉汤200毫升

1. 将洋葱、甜椒、茄子、杏鲍菇切成1厘米大小后炒。

2. 将虾肉和蛤仔肉切碎，然后撕下蟹肉，放入到第一步的材料里一起炒。

3. 待蔬菜和海鲜熟到一定程度时倒入海蜓肉汤煮。

4. 加入淀粉混合物调节浓度，然后浇盖到稀饭上。

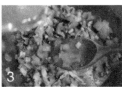
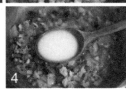

不相信竟然没加调料。

微博里最受欢迎的一个食谱

蛤仔粥

蛤仔粥与鲍鱼粥的味道相似。

由于目前处于添加辅食结束期，因此可以不用将米粒磨碎或煮得很烂，

可以以米粒的形态来煮粥。

煮制的途中如果出现沫子的话需要去除。

- 大米40克
- 蛤仔肉20克
- 洋葱10克
- 胡萝卜10克
- 西葫芦10克
- 蔬菜汁200毫升
- 香油1/2小勺

🥄 做法

1. 蛤仔肉收拾干净后切碎。

2. 将胡萝卜、洋葱、西葫芦切成1厘米大小，与第一步的蛤仔肉和米饭放入抹了香油的平底锅里炒。

3. 待米粒呈透明状时倒入蔬菜汁煮制黏稠。

蛤仔粥和鲍鱼粥都很好吃

🍴 鲍鱼粥

【材料】大米50克，洋葱20克，红灯笼椒20克，西葫芦20克，胡萝卜20克，杏鲍菇20克，鲍鱼2个，香油1小勺，海蜒肉汤300毫升。

【做法】将去皮的红灯笼椒、洋葱、西葫芦、胡萝卜、杏鲍菇和鲍鱼切碎后加入香油炒，中途加入米饭继续炒，待米粒呈透明状时放入海蜒肉汤煮熟。

番茄沙司白菜卷饭

如果吃腻了稀饭，同时还担心饭团会比较硬，

可以尝试将饭和肉放到白菜上，再浇上一层番茄沙司。

这样就可以吃到软糯的米饭和肉肉了。

即使不加调料味道也非常好的番茄料理是胜雅最喜欢吃的。

材料

▫ 稀饭50~60克
▫ 猪肉50克
▫ 番茄沙司100~150克
▫ 白菜叶4片
▫ 胡萝卜30克

做法

1. 胡萝卜切碎，猪肉搅碎后混入稀饭。

2. 搅拌成劲道的面饼，然后制成细长条。

3. 将第二步的面饼放到用沸水焯过的白菜叶上，然后卷起来。

4. 将第三步包好的白菜卷放到冰箱里发酵大半天。

5. 将发酵好的白菜卷放到蒸锅里蒸10分钟左右。

6. 在正好的白菜卷上抹上一层番茄沙司后用文火熬（番茄汁的制法请参照134页）。

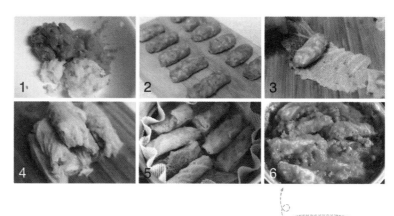

切成便于孩子食用的大小。

软糯美味

妈妈就像魔术师一样棒棒哒

鳕鱼羹

低热量高蛋白的鳕鱼适合做汤或煎饼。

在处理鳕鱼肉的时候一定要注意千万要把刺剔除干净。

448

🥄 做法

1. 将萝卜、杏鲍菇、西葫芦切成1厘米大小。
2. 将第一步的材料放到蔬菜汁里煮。
3. 将鳕鱼肉切碎后放到第二步的材料里煮熟。
4. 在煮制上面汤的过程中如果有沫子出现，需要把沫子去除掉。

🥫 材料

- ▫ 鳕鱼肉40克
- ▫ 萝卜10克
- ▫ 杏鲍菇10克
- ▫ 西葫芦10克
- ▫ 蔬菜汁100毫升

低热量高蛋白，营养百分百

与牛肉稀饭一起吃就更完美了

449

蛤仔海藻汤

我们可以把蛤仔加入到平时做的鸡蛋汤、海带汤或海藻汤里。

这样会散发出浓浓的鲜味。

由于是非常适合搭配在一起的蛤仔海藻汤，即便是喝完了满满一大碗，

胜雅也都舍不得放下勺子。

🥄 做法

1. 蛤仔收拾干净后切碎。
2. 海藻收拾干净后切碎。
3. 将香油和蒜泥放入1~2步的材料里，文火炒制。
4. 倒入海蜇肉汤煮沸。

⚖ 材料

- 海藻30克
- 蛤仔10克
- 海蜇肉汤100毫升
- 香油1小勺
- 蒜泥1克

🍴 蛤仔海带汤

汤

【材料】蒜泥1克，蛤仔10克，海带20克，蔬菜汁100毫升。
【做法】海带泡好后切碎，加入蛤仔和蒜泥后用文火炒，然后倒入蔬菜汁煮沸。

🍴 蛤仔嫩豆腐汤

粥

【材料】蛤仔10克，洋葱20克，嫩豆腐2大勺，鸡蛋1/2个，海蜇肉汤100毫升。
【做法】洋葱切碎后加入到海蜇肉汤里煮，然后放入嫩豆腐和切碎的蛤仔继续煮，最后加入鸡蛋，待熟到一定程度时搅拌。

汤

鸡丝清汤

给孩子做清汤的时候，如果牛肉不好消化，

可以尝试换成鸡肉。

鸡肉白皙、柔软，做出的鸡汤也是非常棒的。

材料

- 绿豆芽10克
- 蕨菜10克
- 大葱10克
- 平菇10克
- 香油1/2小勺
- 鸡腿1个
- 鸡汁200毫升

🥄 做法

1. 将鸡腿放入鸡汁里煮熟，然后将鸡肉取下来，汤水可以用来作为肉汤使用（鸡汁的制法请参照131页）。

2. 将蕨菜、绿豆芽、大葱、平菇用沸水稍微焯一下后切成1厘米大小。

3. 将香油加入到第1~2步的材料里，然后放到冰箱发酵大半天。

4. 将第一步的肉汤倒入到第三步的材料里，煮至黏稠。

呃？已经都吃了吗？难道都是我吃的吗

鸡肉很柔软

453

白菜牡蛎汤

爽口甜香的白菜牡蛎汤

即使不放调料、盐、酱油也能散发出非常棒的味道。

与养殖的牡蛎相比，建议大家选用野生牡蛎。

秋冬两季是盛产牡蛎的季节。

它的营养价值非常高，一度被称为"大海的牛奶"。

🥄 做法

1. 将白菜叶切成1厘米大小。
2. 将处理好的牡蛎与第一步的白菜一起加入到海蜓肉汤里煮。
3. 煮到牡蛎熟透时关火。

⚖ 材料

▫ 牡蛎40克
▫ 白菜20克
▫ 海蜓肉汤100毫升

新鲜美味的牡蛎

我是大海的牛奶

鱿鱼丸子萝卜汤

用搅碎的鱿鱼肉制成的鱿鱼丸子与鱼丸相比别有一番风味。

更加的劲道、纯正。

用鱿鱼丸子煮成清汤，由于无论切得多碎，

对于孩子来说，咀嚼起来都会有些困难的。

🥄 做法

1. 萝卜切成1厘米大小。

2. 将第一步的萝卜和切成细丝的洋葱放到海蜒肉汤里煮，待萝卜呈透明状时加入鱿鱼丸子和切碎的白菜叶。

3. 待蔬菜煮熟褪色时关火。

🧺 材料

- 鱿鱼丸子50克
- 萝卜20克
- 洋葱10克
- 白菜5克
- 海蜒肉汤100毫升

一口一口
吃得很香

美味劲道

圆溜溜的鱿鱼丸子

油豆腐涮锅

油豆腐在使用前需要放在漏勺里用沸水煮一下，以去除油腻。

油豆腐里的蛋白质、脂类、钙、铁的含量很高，但是不含维生素A和维生素C。

因此需要用胡萝卜等蔬菜来调节，已达到营养均衡的效果。

材料

- 油豆腐4~5块
- 杂菜50克
- 洋葱10克
- 杏鲍菇10克
- 胡萝卜10克
- 西葫芦10克
- 韭菜（或细葱）10克
- 海蜒肉汤100毫升

1. 油豆腐切成1厘米大小。
2. 什锦菜切碎。
3. 将切碎的什锦菜放到第一步的油豆腐里。
4. 韭菜焯一下后捆住油豆腐。
5. 将洋葱、杏鲍菇、胡萝卜、西葫芦切成薄片。
6. 将第五步的蔬菜放入到海蜒肉汤里煮熟。
7. 待蔬菜呈透明状时放入到第四步的油豆腐包里煮。

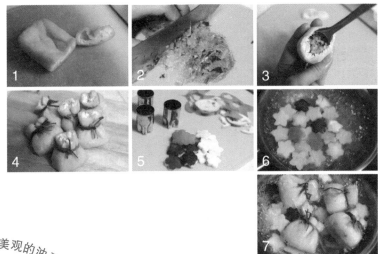

外形也非常美观的油豆腐

炖菜

炖小豆腐

小豆腐富含食物纤维，但是小豆腐中的食物纤维
是不能溶解于水的纤维素酶，
因此可以吸收体内多余的水分，有助于内脏的蠕动。
对于便秘的孩子非常好。

🥄 做法

1. 将白菜叶切成1厘米大小。

2. 将搅碎的猪肉和第一步的白菜、香油倒入砂锅，用文火炒。

3. 待猪肉熟到一定程度时，如果白菜打蔫儿，加入小豆腐继续煮。

4. 期间一点一点倒入海蜇肉汤煮。

材料

▫ 海蜇肉汤50毫升
▫ 油豆腐100克
▫ 猪肉（里脊）50克
▫ 白菜20克
▫ 香油1小勺

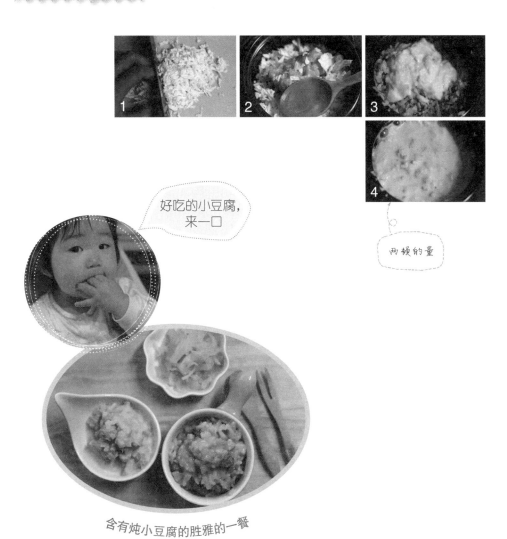

好吃的小豆腐，来一口

两顿的量

含有炖小豆腐的胜雅的一餐

清炖鸭肉锅巴

好吃到不会相信竟然没有放调料这个事实。

鸭肉要熟透需要花费很多时间，因此可以使用电压力锅。

用糯米制成的锅巴更美味。

材料

- 鸭子1只
- 栗子适量
- 大枣适量
- 锅巴30克
- 胡萝卜20克
- 韭菜20克

🍴 做法

1. 将鸭子4等分。

2. 将栗子、大枣与鸭子一起放到压力锅里，加水后开始煮，10分钟以后关火，然后焖一会。

3. 将第二步的鸭子肉取下来撕碎。

4. 将鸭肉放到铺了棉布的漏勺里，放到汤里过一下。

5. 将第四步过出来的肉汤放到阴凉处放置3小时左右，将像冻一样的汤取出来。

6. 将锅巴加入到第五步的肉汤里煮熟。

7. 将胡萝卜和韭菜切碎后加入到第六步的材料里煮沸。

8. 将第三步的鸭子加入到第七步的材料里煮，期间如果出现油和沫子，需要将其舀出。

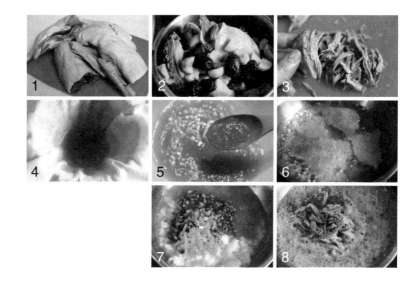

一大碗
全喝完了

463

鸡肉刀切面

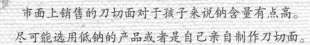

市面上销售的刀切面对于孩子来说钠含量有点高。
尽可能选用低钠的产品或者是自己亲自制作刀切面。

🥄 做法

----

1. 将鸡肉加入到鸡汁里煮熟后撕碎。

2. 将面条切成7厘米长短。

3. 西葫芦和胡萝卜切成细丝后加入到鸡汁里煮熟。

4. 将刀切面加入到鸡汁里煮，然后加入第三步的蔬菜和第一步的鸡肉一起煮。

虽然在市面上能够买到刀切面，但其实很容易就能做出来。

（刀切面的制法请参照144页）

🍴 蛤仔刀切面

面条

【材料】海蜒肉汤100毫升，洋葱10克，西葫芦10克，胡萝卜10克，蛤仔20克，鸡蛋1/2个，刀切面100克。

【做法】将洋葱、西葫芦、胡萝卜切成细丝后放入海蜒肉汤里煮，然后加入刀切面和切碎的蛤仔肉一起煮，待面煮到一定程度时加入鸡蛋。

面条

牛腩面条

煮面条的时候会产生类似淘米水的东西，
因此需要在煮熟后用冷水过一下。这样汤水就会变得清澈。
胜雅的面条，为了能煮出黏稠的汤水，采用了先用水煮一次，
然后再放入肉汤里再煮一遍的方法。

🥄 做法

1. 牛肉里加入大葱、洋葱和萝卜，用水煮。

2. 将第一步的材料用漏勺滤出肉汤。

3. 将第一步的牛肉撕成细丝。

4. 将绿豆芽和蕨菜切成1~2厘米大小，洋葱和西葫芦切成细丝，之后把这些材料加入到第二步的肉汤里煮。

5. 面条先用水煮一遍。

6. 将第五步的面条放到第四步的材料里，再放入第三步的牛肉一起煮。

🥄 材料

- 牛肉（牛腩）30克
- 洋葱20克
- 大葱20克
- 萝卜30克
- 绿豆芽30克
- 洋葱10克
- 西葫芦10克
- 蕨菜5克
- 大米面条20~30根

面条也很劲道

吃饱喝足了
玩儿得也尽兴

疙瘩汤

三色疙瘩汤

由于孩子对于劲道的食物吃起来还不是很容易，
因此我们需要把面饼糅合的软一些。
糅合的时候可以按照食谱的分量进行调制，
根据柔软度用面粉和液体来调节比例。
用蔬菜制成的疙瘩汤由于天然色素非常美，胜雅也非常喜欢，
因此边跳舞边吃，非常开心。

材料

- 海蜇肉汤200毫升
- 面粉（中筋粉）120克
- 红色灯笼椒10克
- 黄色灯笼椒10克
- 菠菜10克
- 土豆30克
- 洋葱20克
- 鸡蛋1/2个

做法

1. 将菠菜、黄灯笼椒、红灯笼椒分别用搅拌机搅碎，用滤出的汁水来和面。

2. 将面饼糅合到不粘手的程度后放到冰箱发酵大半天。

3. 将土豆切成1厘米大小后放入海蜇肉汤里煮熟，然后加入切成同等大小的洋葱继续煮。

4. 将第二步的面饼取出后揪成薄片后放入汤中。

5. 待所有材料熟到一定程度时打入鸡蛋煮沸。

有汤有料的饮食可以将料捞出来盛放到碗里，汤盛到杯子里给孩子

排骨汤

虽然不放调料，但需要加入海蜒肉汤煮出味道。

胜雅非常欢迎这款汤品，每次见到都会拍巴掌。不仅能喝很多汤，连肉也能吃很多。

🥄 做法

1. 将肋条泡在水里大半天去血水。

2. 将去除了血水的肋条放到水里煮沸后洗净。

3. 去除沾在肋条上的脂肪和筋。

4. 将第三步的肋条再次放入水中，中火煮30分钟以上。

5. 将一部分萝卜和洋葱、海蜇、海带一起加入到第四步的材料里泡。

6. 待瘦肉和骨头很容易能分离的时候关火。

7. 将棉布铺在漏勺里过滤汤水，冷却后去掉表面的油。

8. 将第六步的瘦肉撕下来。

9. 将剩余的萝卜切成1厘米大小后加入到第七步的肉汤里，待萝卜呈透明状时加入第八步的瘦肉煮沸。

📋 材料

- 牛肉（肋条）10根
- 萝卜60克
- 洋葱30克
- 海蜇10克
- 海带1块

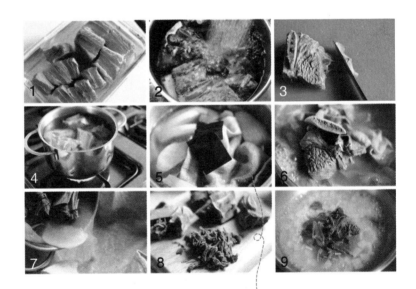

胜雅喜欢到直拍巴掌的美食

海带需要汤煮沸的时候加入，10～15分钟后捞出，这样才不能出苦涩的味道。

意面

蛤蜊意面

原本蛤蜊是款加油的意面，但孩子吃的蛤蜊意面中最好不要放太多油。

放入充足的肉汤，用蛤仔肉来提升汤汁的味道。

- 蛤仔肉10克
- 洋葱10克
- 甜椒10克
- 意面30~40根
- 海蜓肉汤150毫升
- 米糠油1/2小勺
- 蒜泥1小勺

做法

1. 蛤仔肉切碎。

2. 将米糠油加入到切碎的蛤仔肉和蒜泥里炒。

3. 将洋葱和去皮的甜椒切成细丝一起炒。

4. 将意面3等分，方便孩子食用，放到沸水里煮。

5. 待第三步的蔬菜呈透明状是加入海蜓肉汤煮沸，然后放入第四步的面炒。

向意面进发

蟹肉番茄奶油意面

对于面粉、鸡蛋、豆类或者酵母过敏的孩子来说，
很难用这些食材来做间食。
其实市面上能够找到用大米和玉米制成的意面。
用这类食材尝试制作了番茄奶油意面。

做法

1.将意面煮熟。

2.将口蘑和洋葱切成薄片。

3.花蟹煮熟后取肉。

4.将番茄、苹果、洋葱、甜菜用搅拌机搅碎后煮，制成番茄奶油调味汁。

5.将米糠油和蒜泥放入平底锅，在加入第二步的蔬菜和液态生奶油煮。

6.将第四步的番茄奶油调味汁放入到第五步的材料里，大火炒制。

7.将第一步煮熟的意面倒入第六步的材料里再炒一下。

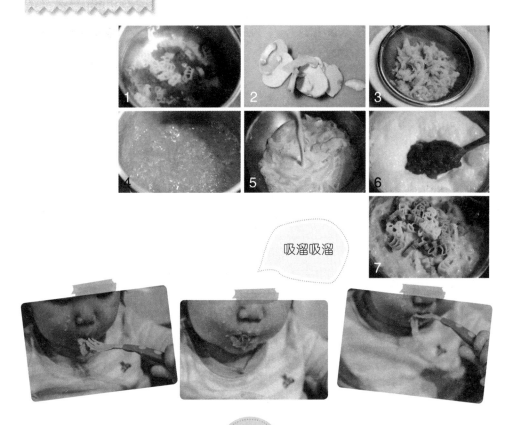

吸溜吸溜

特餐

酱炒牛肉

也曾尝试过制作孩子吃的酱炒牛肉。

由于目前孩子还不能很好地嚼碎肉类，因此需要将肉剁碎。

🔔 **材料**

- 牛肉（里脊）50克
- 洋葱10克
- 红灯笼椒10克
- 口蘑10克
- 西葫芦10克
- 番茄酱2大勺
- 番茄50克

🥄 做法

1. 番茄去皮后切碎。

2. 洋葱切成1厘米大小，西葫芦、口蘑、去皮的红灯笼椒切成细丝。

3. 将50毫升的水倒入到第二步的蔬菜里炒，然后加入剁碎的牛肉继续炒。

4. 加入番茄酱和第一步的番茄，炒至汤汁黏稠（番茄汁的制法请参照134页）。

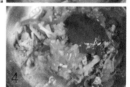

一直都是个
小吃货

意大利饺焗烤

意大利饺可以被称为是意大利的"饺子"。

意大利饺可以自己在家制作，也可以购买市面上销售的产品。

- 牛肉40~50克
- 面粉100克
- 鸡蛋（蛋清）1/3个
- 洋葱15克
- 口蘑15克
- 儿童奶酪1张
- 番茄酱100克

做法

1. 将40毫升水加入面粉，在加入蛋清糅合。
2. 将面粉稍微撒一些到第一步的面饼上，然后用擀面杖擀薄。
3. 牛肉剁碎后放到第二步的面皮上，然后制成圆形的饺子。
4. 用叉子在饺子的边缘压出花，完成意大利饺的制作。
5. 将第四步的意大利饺放到沸水里煮，直至漂浮上来。
6. 盛放到烤箱用容器里，再撒上番茄酱。
7. 再撒上切成细丝的洋葱和口蘑。
8. 盖上儿童奶酪，放到200°高温的烤箱里烤15分钟左右。

连馅儿都非常美味的意大利饺焗烤

难道是
我吃得
太多了

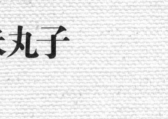

炸丸子

油炸大米丸子

 也有一些孩子不喜欢酥脆的炸丸子。此时，如果能把炸丸子放到

鲜牛奶里浸一下的话，孩子们就会很愿意吃了。

在制作炸丸子的时候，用面包粉包裹的馅儿需要选用那些柔软的食材。

这样在口感上才不会让孩子感到不适。面包粉需要选用湿法制作的，磨成均匀的粉末，

这样才不会过分的酥脆、坚硬。

🥄 做法

1. 将胡萝卜、西葫芦和洋葱切碎后与稀饭一起煮，然后加入剁碎的牛肉炒。

2. 攒成圆球，然后在面粉上滚一圈，再在搅碎的鸡蛋里蘸一下。

3. 在面包粉上再滚一圈后放入200°高温的烤箱烤制10~15分钟。

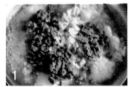 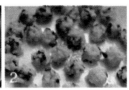 

🍴 地瓜炸丸子

【材料】西葫芦10克，胡萝卜10克，红瓤地瓜80克，鸡蛋1/2个，面粉和面包粉适量。

【做法】红瓤地瓜烤熟后碾碎，加入切碎的西葫芦和胡萝卜糅合，然后制成圆球。在面粉里滚第一次，在搅碎的鸡蛋里滚第二次，在面包粉里滚第三次后放入200°高温的烤箱烤制10~15分钟。

🍴 生牡蛎炸丸子

【材料】生牡蛎50克，鸡蛋1/2个，面粉和面包粉适量。

【做法】生牡蛎洗净后整个放在面粉里滚第一次，然后在搅碎的鸡蛋里滚第二次，最再在面包粉里滚第三次后放入200°高温的烤箱烤制10~15分钟。

🍴 土豆炸丸子

【材料】土豆80克，鸡蛋1/2个，面粉和面包粉适量。

【做法】土豆煮熟后碾碎，然后制成圆球。在面粉里滚第一次，在搅碎的鸡蛋里滚第二次，在面包粉里滚第三次后放入200°高温的烤箱烤制10~15分钟。

烤猪肉花生

· · · · · · · · · ·

加入了剁碎的豆腐和肉的馅儿非常柔软、清淡，表皮也很鲜香。
这是一款无论从口感，还是味道方面都会受孩子喜欢的辅食。

- □ 猪肉50克
- □ 豆腐50克
- □ 面包粉20克
- □ 花生1把

🥄 做法

1. 豆腐用刀背碾碎。

2. 猪肉剁碎后加入到第一步的豆腐和面包粉里糅合。

3. 花生去皮后稍微焯一下，然后用搅拌机搅碎。

4. 将第二步的面饼制成圆球，然后在第三步的花生碎里滚一圈。

5. 放到170°高温的烤箱烤制20分钟左右后，再将温度升高到180°烤制10分钟左右。

外香里嫩

特餐

烤猪排

如果只放猪肉的食物会让孩子在口感上
感到不适的话，可以稍微加一点豆腐来一起做馅儿。
一次多做一些，一部分放到冰箱里冷冻，想吃的时候无需解冻，直接放到烤箱烤即可。
保存的时候，冷藏最多2~3天，冷冻最多可保存10天。

🥢 做法

1. 猪肉用搅拌机搅碎。

2. 制成扁圆的丸子形状。

3. 在面粉里滚第一次,然后在搅碎的鸡蛋里滚第二次。

4. 在面包粉里滚完第三次后放到200°高温的烤箱里烤制 10~15分钟。

📖 材料

- 猪肉(里脊)100克
- 鸡蛋1/2个
- 面粉和面包粉适量

蘸着果酱吃,味道更佳

🍴 烤鱼

特餐

【材料】鳕鱼肉100克,鸡蛋1/2个,面粉和面包粉适量。

【做法】将鳕鱼肉用搅拌机搅碎制成丸子形状后在面粉里滚第一次,然后在搅碎的鸡蛋里滚第二次,最后在面包粉里滚第三次后放到200°高温的烤箱里烤制10~15分钟。

糖醋

糖醋西红柿肉丸

不用糖和醋，仅凭水果的酸甜味道也能制成不刺激，且美味的糖醋汁。柠檬、菠萝，乃至番茄其本身的味道即可完成糖醋汁所需要的一切味道。糖醋类食物是胜雅经常喜欢吃的辅食。

🥄 做法

📋材料

- 肉丸若干
- 胡萝卜20克
- 南瓜20克
- 淀粉混合物（1小勺淀粉+3小勺水）

糖醋汁：
- 番茄1/2个
- 苹果1/2个

1. 将肉丸蒸熟。

2. 苹果和番茄用搅拌机搅碎后滤出汁水，用于制作糖醋汁。

3. 胡萝卜和南瓜切成薄片放到糖醋汁里煮，待呈现透明状时加入第一步的肉丸，用淀粉混合物来调节浓度。

🍴糖醋虾丸柠檬

 糖醋

【材料】洋葱10克，黄瓜10克，菠萝10克，西蓝花10克，虾肉60克，淀粉混合物（1小勺淀粉+3小勺水）。糖醋汁：苹果1个，柠檬汁2大勺。

【做法】苹果用搅拌机搅碎取汁水，然后混入柠檬汁制成糖醋汁。虾肉与胡萝卜一起放到搅拌机里搅碎后制成丸子形状，然后将西蓝花花部切碎，菠萝、洋葱、黄瓜切成薄片一起放入糖醋汁里煮，用淀粉混合物来调节浓度。

🍴糖醋蟹肉丸子青橘

 糖醋

【材料】蟹肉丸子若干，胡萝卜10克，西葫芦10克，洋葱10克，淀粉混合物（1小勺淀粉+3小勺水）。糖醋汁：青橘1个。

【做法】去除青橘籽后放到搅拌机里搅碎，滤出汁水制成糖醋汁。蟹肉丸子蒸熟，然后将胡萝卜、西葫芦和洋葱切成1厘米大小后放入糖醋汁里煮，用淀粉混合物来调节浓度。

🍴糖醋牛肉丸子菠萝

糖醋

【材料】牛肉丸子若干，洋葱10克，菠萝10克，淀粉混合物（1小勺淀粉+3小勺水）。糖醋汁：菠萝100克。

【做法】菠萝用搅拌机搅碎取汁水制成糖醋汁。牛肉丸子蒸熟，然后将菠萝切成薄片放入糖醋汁里煮，用淀粉混合物来调节浓度（牛肉丸子的制法请参照302页）。

牛肉饼

进入到添加辅食结束期以后如果还为不知该如何做牛肉的话，
可以尝试将其做成孩子喜欢的手抓食物的形式，而并不是一定要和饭一起做。
如果只放牛肉的话会比较硬，因此可以一起再加入些豆腐和蔬菜。

材料

- 牛肉100克
- 豆腐100克
- 胡萝卜10克
- 洋葱10克
- 韭菜10克
- 红灯笼椒10克
- 米糠油少许

⚙ 做法

1. 用棉布把豆腐包起来过水。
2. 将胡萝卜、洋葱、韭菜和去皮的红灯笼椒切碎后去除水分。
3. 牛肉剁碎后加入1~2步的材料一起糅合。
4. 将揉好的材料制成扁圆形。
5. 放到抹有米糠油的平底锅里煎。

我的牛肉饼，
可得珍惜点吃

饼

海藻牡蛎饼

· · · · · · · · ·

海藻虽然感觉对孩子来说咀嚼起来比较费劲，但胜雅经常吃。

尤其是这款海藻牡蛎饼，简直是百吃不厌。

海藻如果反复煎的话能够补充它不足的脂质。

30克海藻里所含的叶酸和铁足够我们一天所需要的摄入量。

做法

1. 牡蛎处理干净剁碎。
2. 海藻处理好以后切碎（海藻的处理方法请参照108页）。
3. 将50毫升水混入到面粉里，然后再混入1~2步的材料。
4. 加入鸡蛋后搅和，完成面饼的制作。
5. 放到抹有米糠油的平底锅里煎。

胜雅为此痴迷的味道！

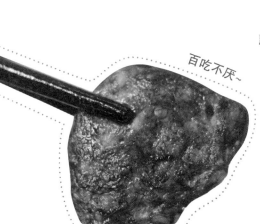

百吃不厌~

鳕鱼饼

只需将之视为成人食用的鳕鱼饼的小号即可。

在处理鳕鱼的时候一定要确认好鱼刺已经全部剔除。

1. 将鳕鱼肉切成便于孩子食用的大小，然后蘸上面粉。
2. 再蘸上搅碎的鸡蛋。
3. 放到抹有米糠油的平底锅里煎。

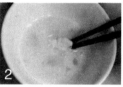
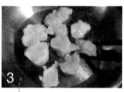

用文火充分煎制，使其熟透

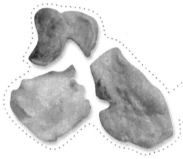

只需制成成人吃的鳕鱼饼的迷你号即可。

🍴白菜饼

【材料】白菜叶40克，面粉2大勺，水5大勺，米糠油少许。

【做法】去白菜的嫩叶用沸水稍微焯一下，将5大勺水倒入面粉中，然后将焯过的白菜叶放里面蘸一下，再放到抹有米糠油的平底锅里煎一下。

🍴口蘑饼

【材料】口蘑40克，面粉2大勺，鸡蛋1/2个，米糠油少许。

【做法】将口蘑头部去皮后切成薄片，然后在面粉里蘸第一次，然后在搅碎的鸡蛋里蘸第二次，最后放到抹有米糠油的锅里煎。

蕨菜小豆腐饼

将干蕨菜用沸水煮烂，
不用捞出，放在水里浸泡，待第二天再取出食用。

做法

1. 将海蜓肉汤倒入面粉里。

2. 将煮好泡好的蕨菜切成1厘米大小，洋葱切成1厘米大小后与小豆腐一起放入到第一步的材料里。

3. 菠菜焯过后切成1厘米大小，然后加入到第二步的材料里完成面饼的制作，最后放到抹有米糠油的平底锅里煎。

大虾西葫芦饼

【材料】洋葱10克，虾肉10克，西葫芦40克，面粉3大勺，海蜓肉汤50毫升，米糠油少许。

【做法】将面粉撒入到海蜓肉汤中，然后再放入切成细丝的西葫芦和洋葱，然后再混入剁碎的虾肉搅和，完成面饼的制作，将面饼放到抹有米糠油的平底锅里煎。

甜菜土豆饼

【材料】甜菜30克，土豆100克，米糠油少许。

【做法】将1/3土豆与水一起放入搅拌机里搅，甜菜和剩余的2/3土豆切成细丝，然后加入搅拌物里完成面饼的制作，最后放到抹有米糠油的平底锅里煎。

金针菇蟹肉饼

【材料】金针菇30克，蟹肉60克，鸡蛋1个，米糠油少许。

【做法】将金针菇切成1厘米大小，然后与蟹肉和搅好的鸡蛋混在一起完成面饼的制作，最后放到抹有米糠油的平底锅里煎。

小菜

牛排饼

 牛肉与其用搅拌机搅碎，不如腌制过之后用刀切碎口感更佳。

虽然做起来很繁琐，但确实是孩子非常喜欢吃的一道美食。

🍴 做法

1. 牛肉尽量都选用瘦肉部分切碎。
2. 将剁碎的牛肉放到烤肉酱里（烤肉酱的制法请参照136页）。
3. 蟹味菇切碎后混入第二步的材料里。
4. 将糅合好的面饼制成圆饼形。
5. 放到175°高温的烤箱里烤制15分钟左右。

📋 材料

- 牛肉（牛排）60克
- 蟹味菇15克
- 烤肉酱15克

非常适合与竹筒饭一起吃。

糖果

豆腐梨糖果

 豆腐梨糖果制作简单，
而且孩子也很喜欢吃。

材料

- 豆腐100克
- 豆腐100克
- 淀粉20克
- 米糠油少许

1. 豆腐切成1厘米大小。

2. 豆腐蘸上淀粉。

3. 将豆腐放到抹有米糠油的平底锅里煎。

4. 倒入梨浆熬（梨浆的制法请参照133页）。

甜香可口

炖牛排

牛排一定要先去除脂肪和筋再食用。
烤肉酱和甜菜沙司用漏勺过滤一下，只使用清沙司的话，
在用压力锅烹制的过程中能够防止煳底。

500

材料

- 牛肉（牛排）5块
- 烤肉酱100克
- 甜菜10克
- 洋葱适量
- 大葱适量

做法

1. 牛排放到冷水里浸泡大半天以去除血水，然后加入洋葱、大葱一起煮。

2. 将第一步的牛排用流动的水冲洗。

3. 将甜菜与烤肉酱放到搅拌机里搅，然后倒入第二步的材料发酵大半天。

4. 放到压力锅里，比平时做饭的时间多5分钟即可。

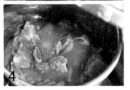

砂锅烤牛肉

烤肉

【材料】洋葱10克，胡萝卜10克，金针菇10克，牛肉（烤肉用部分）30克，烤肉酱50克，海蜒肉汤100毫升，粉丝20克。

【做法】将用烤肉酱腌制了3小时以上的牛肉铺到砂锅里，倒入海蜒肉汤，放入切成细丝的洋葱和胡萝卜，在覆上去了根部的金针菇，粉丝也切成5厘米大小放入一起煮。

水果烤肉

烤肉

【材料】洋葱10克，杏鲍菇10克，牛肉（烤肉用部分）30克，烤肉酱50克，水果（菠萝，草莓，猕猴桃等）适量。

【做法】将用烤肉酱腌制了3小时以上的牛肉放到平底锅里，加入切成细丝的洋葱和切碎的蘑菇一起炒，待熟到一定程度时将准备好的水果等分后放入一起炒。

501

小菜

什锦炒菜

所有的蔬菜用肉汤炒制的话都会更加美味。

3大营养成分均衡的什锦炒菜也可以像面条一样作为主食食用。

🥄 做法

📋 材料

- 牛肉30克
- 洋葱20克
- 胡萝卜20克
- 甜椒20克
- 菠菜20克
- 杏鲍菇20克
- 粉丝80克
- 海蜇肉汤100毫升
- 香油1小勺

1. 将胡萝卜、洋葱、去皮的甜椒切成细丝,性抱头头部切成薄片后一起放入海蜇肉汤里炒。

2. 待蔬菜熟到一定程度时加水,然后将粉丝切成15厘米长短后加入其中。

3. 菠菜叶用沸水稍微焯一下后切成1厘米大小,牛肉煮熟后切成丝放入其中。

4. 炒制汤水黏稠后加入香油。

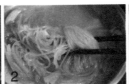

也可以做成孩子喜欢吃的什锦炒菜盖浇饭

可以当成主食食用的什锦炒菜里,用油豆腐代替牛肉也不错(油豆腐涮锅的制法请参照458页)。

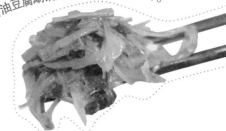

503

三色春卷

制作春卷的关键在于
需要将春卷皮擀得非常薄。
这样才能制成小巧美丽的春卷。

做法

1. 将菠菜和红灯笼椒分别用搅拌机搅碎，滤出汁水。

2. 将不同颜色的汁水分别倒入到面粉中糅合。

3. 混入汁水的面饼的稠度需要达到能够流下来的程度。

4. 用蘸有米糠油的刷完巾擦一下平底锅，然后将调制好的面饼撒到上面。

5. 分成不同的颜色煎制面皮。

6. 将杏鲍菇、洋葱、去皮的红灯笼椒和胡萝卜切成细丝后用肉汤炒，牛肉煮熟后也切成细丝炒。

7. 将第六步的材料放到第五步的面皮上卷起来。

这样来保存即可

花花绿绿的春卷

紫菜鸡蛋卷

紫菜是非常受小宝宝欢迎的，
在给孩子做饭的时候自然少不了与紫菜相关的食谱了。
不要只用来包饭吃，可以尝试制成鸡蛋卷。
紫菜的香味会让鸡蛋卷更加特别。
紫菜中的蛋白质有利于消化和吸收。

1. 鸡蛋搅碎后取出蛋清,然后倒入到抹有米糠油的平底锅里煎。
2. 将1/4张紫菜直接铺到鸡蛋上方,快熟的时候卷起。
3. 切成便于孩子食用的大小。

待冷却后再切会更加美观。

啦啦啦,卷好了

🍴 韭菜鸡蛋卷

小菜

【材料】韭菜10克,鸡蛋1/2个,米糠油少许。
【做法】韭菜切碎后混入鸡蛋,然后倒入抹有米糠油的平底锅里煎,煎熟的时候卷起即可。

鸡蛋炒虾肉西蓝花

炖、炒、煎…鸡蛋无论采用哪种烹饪方法都会很美味。
用鸡蛋做的小菜总会受到胜雅的欢迎。
鸡蛋中富含大脑传达物质的主要原料卵磷脂，
因此有助于提高记忆力和集中力。

🍴 做法

📋 材料

- 虾肉3克
- 西蓝花10克
- 洋葱10克
- 鸡蛋1个
- 米糠油2小勺

1. 大虾收拾好以后切碎。

2. 洋葱也切碎。

3. 鸡蛋搅碎后混入切碎的焯过的西蓝花花部和1～2步的材料。

4. 平底锅抹上米糠油，然后倒入第三步的材料炒。

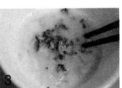

🍴 豆腐鸡蛋羹

【材料】虾肉10克，红灯笼椒20克，西葫芦20克，豆腐50克，鸡蛋1个，海蜇肉汤100毫升。

【做法】将收拾干净的大虾、西葫芦，去皮的红灯笼椒切碎，豆腐用刀背碾碎，鸡蛋搅碎后去除蛋清后倒入海蜇肉汤，然后再加入之前准备好的材料蒸10分钟左右。

🍴 蔬菜鸡蛋羹

【材料】胡萝卜10，西葫芦10克，洋葱10克，鸡蛋1个，海蜇肉汤30毫升。

【做法】鸡蛋搅碎后去除蛋清，倒入海蜇肉汤后混入切碎的洋葱、西葫芦、胡萝卜后蒸10分钟左右。

手工鱼丸

鱼丸一般都用油来炸，但如果用油壶
喷点油上去，再用烤箱烤的话即可制成口感相似，且不油腻的手工鱼丸。
不仅可以用来做菜，还可以烤完之后直接当间食食用。

材料

- 鳕鱼肉150克
- 虾肉100克
- 洋葱15克
- 甜椒15克
- 淀粉1大勺
- 面粉1大勺

🥄 做法

1. 胡萝卜、洋葱、甜椒切碎。

2. 用文火炒制第一步的蔬菜。

3. 将虾肉和鳕鱼肉用棉布包起来过水，之后切碎。

4. 将第二步炒过的蔬菜与淀粉、面粉一起倒入到第三步的材料里。

5. 搅和至黏稠。

6. 放到菜板上，用筷子分离。

7. 将分离好的面饼放到冰箱里发酵。

8. 用180° 高温的烤箱烤制10~15分钟。

蘸着果酱吃更美味

三色海鲜球

在制作三色海鲜球的时候，可以配合三色春卷连着一两天给孩子。
可以一次性多搅一些能够出现颜色的甜菜、南瓜、菠菜等蔬菜，
以便使用到多种菜中。然而，甜菜如果熟透后，颜色会很快消失，
因此如果希望颜色鲜红的话，可以使用草莓粉。

📋 材料

- 鳕鱼肉20克
- 蟹肉20克
- 虾肉20克
- 甜菜10克
- 菠菜10克
- 南瓜10克

1. 将甜菜、南瓜、菠菜用搅拌机搅碎。
2. 蟹肉、虾肉、鳕鱼肉去除水分后用搅拌机搅碎。
3. 将第一步搅好的甜菜、南瓜、菠菜别分混入到面饼中。
4. 制成圆球形。
5. 用蒸锅蒸10分钟左右。

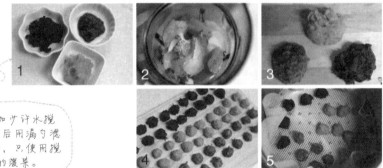

菠菜加少许水搅拌，然后用漏勺滤出水分，只使用搅碎的菠菜。

🍴 炖豆芽鳕鱼丸

小菜

【材料】洋葱10个，甜椒10克，豆芽30克，鳕鱼肉40克，海蜇肉汤100毫升，淀粉混合物（1小勺淀粉+3小勺水）。

【做法】鳕鱼肉用搅拌机搅碎后制成圆球形用蒸锅蒸5分钟左右，完成雪鱼丸的制作，将豆芽茎部3等分后加入到海蜇肉汤里，然后再与切成细丝的洋葱、甜椒一起煮，用淀粉混合物来调节浓度。

鱿鱼丸

虽然与鱼丸外形相似，但口感更佳，而且还能散发出鱿鱼特有的鲜味。
如果孩子不适应的话，可以切成便于食用的大小。

🥄 做法

1. 鱿鱼去皮后处理干净。
2. 等分后放到搅拌机里搅碎。
3. 将搅碎的鱿鱼再用刀剁。
4. 将胡萝卜和西葫芦切碎后混入到第三步搅碎的鱿鱼里。
5. 搅和到有一定黏度的时候制成圆球形。
6. 涂上米糠油后放入185°高温的烤箱中烤制10分钟左右。

⚖ 材料

▫ 鱿鱼（鱼身）1只
▫ 西葫芦15克
▫ 胡萝卜15克
▫ 米糠油少许

也可以使用
食物处理器

中途需
翻一下面

🍴 鸡胸肉豆腐丸

小菜

【材料】菠菜20克，鸡胸肉50克，豆腐100克。
【做法】豆腐去水后混入剁碎的鸡肉里搅和，菠菜叶焯过后切碎，然后混入面饼，制成圆球形，用蒸锅蒸10分钟左右。

小菜

凉拌西蓝花橘子

 这是一款富含维生素C的爽口小菜。

由于已经进入到添加辅食结束期了，

因此富含食物纤维的西蓝花茎部也可以煮熟食用了。

1. 橘子去皮后放入搅拌机搅。
2. 西蓝花用沸水焯过后切成1厘米大小。
3. 倒入第一步的混合。

- 西蓝花30克
- 橘子（汉拿峰）3~4个

🍴凉拌海青菜橘子

 小菜

【材料】梨30克，海青菜100克，橘子1/2个。
【做法】海青菜用沸水焯过后等分，橘子用搅拌机搅碎后与切成薄片的梨和切好的海青菜拌在一起。

🍴凉拌西蓝花豆腐苹果

小菜

【材料】豆腐10克，西蓝花30克，苹果50克。
【做法】将洋葱、苹果和5大勺水放入搅拌机搅拌后取出，煮至黏稠后倒入到切成1厘米大小的豆腐和西蓝花里拌。

小菜

凉拌韭菜鸭肉梨

. . . .

去饭店吃鸭肉的时候不难发现，鸭肉经常会与韭菜和梨一起出现。因此也将此种组合做给了胜雅吃，小家伙非常喜欢。

🥄 做法

1. 鸭肉煮熟后切成细丝。

2. 一部分梨用搅拌机搅碎后取汁煮，中途加入切碎的韭菜继续煮。

3. 剩余的梨切成细丝后与鸭肉一起盛入碗中，然后淋上第二步的调味汁拌。

📋 材料

▫ 韭菜20克,
▫ 鸭肉50克,
▫ 梨40克

 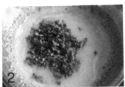 

🍴凉拌海藻梨

小菜

【材料】海藻40克，梨40克。

【做法】梨一部分搅碎取汁制成调味汁，剩余部分切成细丝，将洗净的海藻等分后放到沸水里焯一下，然后与切好的梨混在一起，淋上梨汁后拌。

🍴凉拌鸡胸肉梨

小菜

【材料】鸡胸肉50克，梨50克。

【做法】梨一部分搅碎取汁制成调味汁，剩余部分切成细，鸡肉煮熟后切成细丝，然后与切好的梨混在一起，淋上梨汁后拌。

🍴凉拌白菜

小菜

【材料】白菜叶40克，香油1小勺，芝麻盐1小勺，海蜇肉汤100毫升。

【做法】白菜叶切成1厘米大小后放入海蜇肉汤里煮，煮好后用凉水冲一下，待去除水分后加入香油和芝麻盐拌。

小菜

西蓝花炒蟹肉

蟹肉与西蓝花可以用来制作汤、意面、沙拉等
多种食物，是非常适合在一起的两种食材。
富含必需氨基酸的螃蟹和富含维生素的西蓝花
可以制作出简单、健康的小菜。

🍴 做法

1. 西蓝花用沸水焯一下后将花部切成1厘米大小。

2. 平底锅抹上米糠油，然后倒入第一步的西蓝花和切碎的蟹肉一起炒。

🍴豆芽炒蟹肉

小菜

【材料】韭菜10克，蟹肉30克，豆芽40克，蔬菜汁100毫升。

【做法】将豆芽和韭菜都切成1厘米大小后倒入蔬菜汁，煮至黏稠后加入蟹肉炒。

🍴金针菇炒蟹肉

小菜

【材料】茄子10克，西葫芦10克，洋葱10克，蟹肉15克，金针菇40克，蔬菜汁100毫升。

【做法】将金针菇切成1厘米大小，西葫芦、洋葱和茄子切成细丝，然后倒入蔬菜汁，煮至黏稠后加入蟹肉炒。

🍴绿豆芽炒蟹肉

小菜

【材料】甜椒20克，蟹肉30克，绿豆芽40克，香油1/2小勺，蒜泥1克，蔬菜汁100毫升。

【做法】甜椒去皮后切成丝，绿豆芽切成2厘米大小后与蒜泥、蟹肉一起倒入蔬菜汁里炒。

小菜

蟹肉丸子炒小白菜

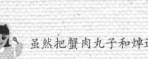虽然把蟹肉丸子和焯过的小白菜直接炒也很美味，但是在炒叶菜的时候
加点淀粉混合物的话，会使叶菜更加柔软。

虽然丸子、肉丸、火腿肠、煎肉饼直接给孩子吃也很不错，
但如果能够活用到这种炒菜中的话，能够成为更加美味的佳肴。

- 蟹肉40~50克
- 小白菜20克
- 淀粉混合物（1小勺淀粉+3小勺水）
- 蔬菜汁100毫升

做法

1. 蟹肉用搅拌机搅碎后制成圆球放到蒸锅里蒸10分钟左右。

2. 小白菜用沸水稍微焯一下后切成1厘米大小。

3. 将1~2步的材料加入到蔬菜汁里煮，用淀粉混合物来调节浓度。

  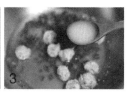

肉丸炒绿豆芽

【材料】肉丸+鸡肉丸若干，甜椒20克，绿豆芽40克，蔬菜汁100毫升。

【做法】绿豆芽洗净后切成1厘米大小后加入到蔬菜汁里煮，甜椒切成细丝，待绿豆芽熟到一定程度时加入肉丸和鸡肉丸一起炒（鸡肉丸的制法请参照304页）。

番茄酱炒香肠

【材料】番茄酱30克，口蘑30克，洋葱30克，红灯笼椒30克，香肠60克，蔬菜汁100毫升。

【做法】口蘑切成薄片，洋葱与去皮的红灯笼椒切成细丝后倒入蔬菜汁先炒一下，待蔬菜熟到一定程度时加入切碎的香肠和番茄酱再炒一下（番茄汁的制法请参照134页）。

煎肉饼炒西葫芦

【材料】西葫芦100克，煎肉饼10个，蔬菜汁100毫升.

【做法】西葫芦切成细丝后加入蔬菜汁炒，待熟到一定程度时加入煎肉饼接着炒。

猪肉丸炒小白菜

这款小菜是从中餐南煎丸子中得到的启示。
用纯牛肉制成的南煎丸子口感比较硬，因此孩子吃起来会比较费劲，
但是改用猪肉和豆腐制成的丸子就非常的柔软，胜雅也喜欢吃。
制成圆球的丸子如果一开始就放进锅里炒会非常容易碎，
因此可以先蒸一下再炒。

🥄 做法

1. 用猪肉和豆腐制成圆球后压扁。

2. 将第一步的材料放到蒸锅里蒸5分钟左右。

3. 小白菜切成1厘米大小后倒入海蜇肉汤煮。

4. 待小白菜熟到一定程度时加入第二步的丸子。

5. 加入淀粉混合物调节浓度。

📋 材料

- 猪肉50克
- 豆腐50克
- 小白菜20克
- 淀粉混合物（1小勺淀粉+3小勺水）
- 海蜇肉汤100毫升

🍴 杏鲍菇炒牛肉

小菜

【材料】牛肉20克，杏鲍菇30克，香油1/2小勺。

【做法】杏鲍菇茎部用手按照纹理撕成条，牛肉煮熟后也按照纹理撕成条，将杏鲍菇和牛肉放到50毫升的肉汤里煮，待蘑菇变软后炒，最后再加入香油炒制一下。

小菜

番茄炒油豆腐

· · · · · ·

进入添加辅食结束期以后开始将菜和饭分开喂，

因此有可能会忽视牛肉的摄取。

推荐大家在做稀饭的时候加入肉块一起煮，然后把肉切碎以拌饭的形式喂给孩子。

食用番茄的话，需要将番茄中所含有的钙和钠排出体外。

因此最好与含盐的食材一起食用。

🍴 做法

📋 材料

- 油豆腐40克
- 小番茄4个
- 茄子20克
- 洋葱20克
- 海蜒肉汤50毫升

1. 油豆腐切成细丝。

2. 洋葱和茄子也切成细丝。

3. 番茄顶部切出十字花形后用沸水稍微焯一下,然后去皮切成薄片。

4. 将1~3步的材料放入海蜒肉汤里煮至黏稠。

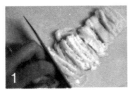

🍴 番茄炒茄子

小菜

【材料】番茄1个,洋葱20克,茄子20克,牛肉60克,米糠油1小勺。

【做法】将去皮的番茄与切成细丝的茄子、洋葱放到抹有米糠油的平底锅里炒,然后加入煮熟切碎的牛肉一起炒。

🍴 番茄炒西蓝花

小菜

【材料】西蓝花10克,牛肉10克,洋葱20克,番茄40克,米糠油1小勺。

【做法】将去皮的番茄与切成细丝的洋葱及切成1厘米大小的西蓝花头部放到抹有米糠油的平底锅里炒,然后加入煮熟切碎的牛肉一起炒一炒。

西葫芦炒虾肉

虽然都觉得如果不放盐炒菜的话会没有滋味，
但其实食材本身的味道就已经很好了。
放调料只是一种习惯，我们尽可能给孩子不放调料的
食物，让他们适应有利于健康的低盐饮食。

🥄 做法

1. 西葫芦切成薄片。

2. 虾肉处理干净后切碎。

3. 将第一步的材料放入平底锅，然后倒入蔬菜汁煮，之后倒入香油炒熟。

🍶 材料

- 西葫芦50克
- 虾肉30克
- 香油1小勺
- 蔬菜汁100毫升

🍴 海青菜红灯笼椒炒虾肉

【材料】虾肉30克，红灯笼椒40克，海青菜100克，海蜇肉汤100毫升。

【做法】海青菜切成1厘米大小，红灯笼椒去皮后切成细丝，虾肉收拾干净后切碎，将蔬菜汁倒入海青菜和红灯笼椒里先炒一下，然后加入虾肉接着炒。

🍴 豆芽炒韭菜

【材料】韭菜20克，豆芽40克，蔬菜汁100毫升，香油1/2小勺。

【做法】将豆芽茎部和韭菜切成1厘米大小，倒入蔬菜汁后炒，直至豆芽打蔫儿，淋入香油大火再炒一下。

🍴 豆芽炒红灯笼椒

【材料】红灯笼椒20克，豆芽40克，蔬菜汁30毫升，香油1/2小勺，芝麻若干。

【做法】豆芽茎部切成1厘米大小，红灯笼椒去皮后切成细丝后倒入蔬菜汁炒，待豆芽打蔫儿时加入香油大火再炒一下，最后撒上芝麻。

炒小红萝卜

大家可以尝试用肉汤炒各种蔬菜。
待炒熟后滴入少许香油，甜香的蔬菜味扑鼻而来，
美味的小菜就做好了。

🥄 做法

1. 小红萝卜洗净后去除两端,然后切成薄片。

2. 将第一步的小红萝卜放到海蜇肉汤里煮,待熟到一定程度时加入香油,大火炒制。

🍴 炒地瓜

小菜

【材料】地瓜300克,海蜇肉汤50毫升,米糠油1小勺。
【做法】地瓜去皮切成细丝,用水洗去淀粉后倒入海蜇肉汤煮,待地瓜煮熟后加入米糠油炒。

🍴 炒蕨菜

小菜

【材料】蕨菜40克,海蜇肉汤100毫升,香油1/2小勺。
【做法】蕨菜切成1厘米大小,用水洗去淀粉后倒入海蜇肉汤煮,待蕨菜煮到一定程度时加入香油大火再炒一下。

🍴 炒黄瓜

小菜

【材料】黄瓜40克,海蜇肉汤50毫升,香油1小勺,芝麻盐1小勺。
【做法】黄瓜切成细丝后倒入海蜇肉汤煮,待黄瓜煮到黏稠加入香油和芝麻盐大火再炒一下。

小菜

胡萝卜炒苏子叶

胡萝卜可以与任何材料进行搭配。

苏子叶的香味真的是非常棒。由于它上面有很多绒毛，很容易吸灰，

因此需要一张一张地用水洗干净。

苏子叶是富含钙和钾等无机质的蔬菜。

🥄 做法

1. 胡萝卜切成细丝后先放到海蜓肉汤里煮熟。

2. 苏子叶去除把和中间的筋以后切成细丝，然后加入到第一步的材料里。

3. 待苏子叶熟透后放入香油大火再炒一下。

🍲 材料

- 苏子叶10张
- 胡萝卜30克
- 海蜓肉汤100毫升
- 香油1/2小勺

 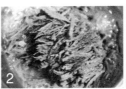 

🍴 胡萝卜土豆炒洋葱

【材料】胡萝卜20克，洋葱20克，土豆40克，米糠油1小勺，海蜓肉汤100毫升。

【做法】胡萝卜、洋葱、土豆切成细丝后放入海蜓肉汤里小火炒，待蔬菜成熟到一定程度时加入米糠油大火炒一下。

🍴 胡萝卜炒紫菜

【材料】紫菜（野生紫菜）1张，胡萝卜10克，白苏油1/2小勺，苹果5～10克。

【做法】紫菜用平底锅稍微烤一下后放到塑料袋里压碎，胡萝卜切成细丝后与紫菜一起放到白苏油里炒一下，待胡萝卜熟到一定程度时加入用擦板擦过的苹果再炒一下。

🍴 胡萝卜海青菜炒洋葱

【材料】胡萝卜20克，洋葱20克，苹果50克，海青菜100克，海蜓肉汤100毫升。

【做法】海青菜洗净后切碎，倒入海蜓肉汤先炒一下，待胡萝卜熟到一定程度时加入洋葱，待蔬菜熟到一定程度时放入用擦板擦过的苹果再炒一下。

小菜

南瓜炒洋葱

如果做好几道小菜与饭一起放到胜雅面前的话，

她会毫不犹豫地将手伸向小菜。

因此可以说，添加辅食结束期是孩子最先用眼睛来看待食物的好坏的。

因此，此时刺激孩子对食物的好奇心是很重要的。

因为色泽亮丽，外表美丽的菜能够引发孩子的食欲。

🥄 做法

📖 材料

- 南瓜50克
- 洋葱20克
- 芝麻盐1小勺
- 蔬菜汁100毫升

1. 南瓜去皮切成薄片。

2. 将蔬菜汁倒入第一步的南瓜里，然后加入切成细丝的洋葱炒。

3. 炒到洋葱和南瓜都熟透为止，撒上芝麻盐。

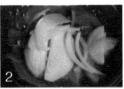

🍴 西葫芦炒洋葱

【材料】洋葱20克，西葫芦40克，香油1/2小勺，蔬菜汁100毫升。

【做法】西葫芦一切两半后切成薄片，洋葱切成细丝后倒入蔬菜汁煮，待熟到一定程度时加入香油大火再炒一下。

🍴 炒绿豆芽

【材料】绿豆芽20~30根，蒜泥1/2小勺，芝麻1/2小勺，香油1/2小勺。

【做法】绿豆芽切成1厘米大小后用沸水煮熟，然后用冷水冲一下，去除水分。然后放入平底锅里，再加入蒜泥和香油炒，待绿豆芽熟到一定程度时撒入芝麻。

🍴 甜菜炒绿豆芽

【材料】绿豆芽1把，甜菜40克，蔬菜汁100毫升，香油1/2小勺。

【做法】甜菜切成细丝，绿豆芽切成2厘米大小，将甜菜放入蔬菜汁里先炒一下，待熟透后加入绿豆芽一起煮，待汤汁成黏稠状倒入香油大火再炒一下。

莲藕炖苹果

大家可以尝试挑战一下用富含维生素C的蔬菜和水果来做炖菜。
炖菜并不一定非得用酱油才能完成制作。

🥄 做法

1. 莲藕煮到充分熟透为止后切成1厘米大小。
2. 将苹果和海蜇肉汤一起加入到搅拌机里搅。
3. 将莲藕放到小锅里后倒入第二步的材料熬。

🍴萝卜炖梨

小菜

【材料】萝卜100克,梨1个。
【做法】萝卜切成1厘米大小,梨用搅拌机搅碎后与萝卜一起放到小锅里熬。

🍴豆腐炖橘子

小菜

【材料】豆腐50克,橘子(汉拿峰)1个,芝麻盐1小勺,米糠油少许。
【做法】豆腐切成1厘米大小后倒入抹有米糠油的平底锅里烤一下,然后倒入用搅拌机搅过的橘子熬。

🍴炖香瓜

小菜

【材料】香瓜2个,海蜇肉汤50毫升。
【做法】香瓜去皮后掏出瓤,然后将一部分切成薄片,剩余的香瓜与海蜇肉汤一起放入搅拌机搅,然后倒入之前的香瓜薄片里熬。

萝卜炖红灯笼椒

 大家可以尝试挑战一下用富含维生素C的蔬菜和水果来做炖菜。

炖菜并不一定非得用酱油才能完成制作。

🥄 做法

📖 材料

- 萝卜200克
- 红灯笼椒60克
- 海蜇肉汤100毫升

1. 萝卜切成1厘米大小。

2. 红灯笼椒与海蜇肉汤一起放到搅拌机里搅。

3. 将第二步的材料倒入到第一步的材料里熬熟。

🍴 卷心菜炖红灯笼椒

【材料】红灯笼椒60克，苹果80克， 卷心菜100克。

【做法】卷心菜切成1厘米大小，红灯笼椒和苹果一起放入到搅拌机里搅，然后倒入到卷心菜里熬熟。

🍴 杏鲍菇炖红灯笼椒

【材料】杏鲍菇50克，红灯笼椒1个，梨汁2小勺。

【做法】杏鲍菇头部切成薄片，红灯笼椒放到搅拌机里搅，然后倒入杏鲍菇里熬，待汤水黏稠时加入梨汁搅拌。

花椰菜炖紫甘蓝

花椰菜的花部比较柔软，制作的时间短，
因此对于还没有长出白齿的孩子来说也很容易用牙床将其碾碎。
将紫甘蓝搅碎后熬的话，会制成拥有神奇颜色的炖花椰菜。

🥄 做法

1. 将花椰菜花部切成1厘米大小。
2. 将紫甘蓝、梨和海蜇肉汤一起放到搅拌机里搅。
3. 将第二步的材料倒入第一步的材料里熬。

🗒 材料

- 花椰菜50~60克
- 紫甘蓝50克
- 梨50克
- 海蜇肉汤100毫升

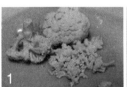  

🍴嫩叶菜炖土豆

小菜

【材料】土豆1个，嫩叶菜40克，海蜇肉汤200毫升，梨汁2大勺。

【做法】将嫩叶菜和海蜇肉汤一起放到搅拌机里搅碎后倒入已被切成1厘米大小的土豆里熬，待土豆熟到一定程度时倒入梨汁。

🍴炖茄子

小菜

【材料】茄子1个，梨50克，红灯笼椒60克，海蜇肉汤100毫升。

【做法】茄子切成薄薄的半月形，红灯笼椒、梨与海蜇肉汤一起放到搅拌机里搅，然后倒入茄子里熬。

🍴菊薯炖胡萝卜

小菜

【材料】红灯笼椒60克，梨50克，胡萝卜150克，菊薯300克，海蜇肉汤100毫升。

【做法】菊薯与胡萝卜切成1厘米大小，红灯笼椒、梨和海蜇肉汤一起倒入搅拌机里搅，之后倒入菊薯和胡萝卜里熬。

鱼肉紫菜松

· · · · · · · ·

鱼肉紫菜松一般是撒在饭上吃的，
前不久曾爆出市面上竟让流通了用牛肉粉和蔬菜制成的假冒伪劣产品。
妈妈们可以亲自挑选食材在家里制作。
鱼肉紫菜松可以让孩子吃到各种蔬菜和海产品，从营养角度来看是非常好的。
大家也可以尝试用它来制作可爱的饭团。

材料

- 胡萝卜20克
- 西葫芦200克
- 红灯笼椒100克
- 紫菜3张
- 鸡蛋（蛋黄）1个
- 虾皮20克
- 池里海蜓20克

做法

1. 胡萝卜、西葫芦和红灯笼椒切成薄片后铺到烤盘上。

2. 开启烤箱的自然干燥功能，用80°的温度干燥6~8小时（使用干燥机也可）。

3. 将干燥好的第二步材料放到搅拌机里搅碎。

4. 紫菜烤好后放到搅拌机里搅碎。

5. 将虾皮和池里海蜓放到平底锅里炒，然后分别用搅拌机搅碎。

6. 将3~5步的材料混合好。

7. 鸡蛋煮熟后取蛋黄捣碎，然后混入第六步的材料里。

表皮放到平底锅里煎一下的话会更加醇香

制好后可以冷藏两天，如果想长时间保存的话可以不放蛋黄冷冻，这样可以保存一个月左右。

🍴 饭团

加餐

【材料】鱼肉紫菜松1大勺，稀饭100克，紫菜1/2张。

【做法】将鱼肉紫菜松放到稀饭里搅拌匀匀后制成小三角形，然后在包上一小块紫菜。

结束期
间食

黄瓜红灯笼椒猕猴桃沙拉

🖺 准备材料

▫ 黄瓜30克，红灯笼椒20克，猕猴桃1个，酸奶1大勺

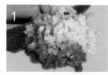
1. 红灯笼椒和黄瓜切碎。

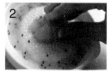
2. 猕猴桃用擦板擦。

3. 将擦好的猕猴桃混入酸奶，制成调味汁。

4. 将第三步的调味汁淋到第一步的蔬菜上后搅拌匀匀即可。

＊ 生蔬菜对于小孩子来说吃起来还是比较困难的，因此在制作孩子吃的沙拉时最好使用切碎的水果以及用酸奶等制成的调味汁。

花椰菜甜柿子沙拉

🖺 准备材料

▫ 花椰菜30克，甜柿子1/2个

1. 花椰菜头部切成1厘米大小。

2. 将第一步的花椰菜用沸水焯一下后再用冷水过一遍，之后控干水分。

3. 甜柿子用搅拌机搅碎。

4. 将第三步的甜柿子倒入第二步的花椰菜里均匀搅拌即可。

＊ 只用甜柿子制成的调味汁就已经非常美味了。

豆腐黑芝麻沙拉

准备材料

▫ 豆腐30克，酸奶1大勺，黑芝麻1/2大勺

1. 豆腐切成1厘米大小后用沸水稍微焯一下。
2. 黑芝麻用搅拌机搅碎。
3. 将搅碎的黑芝麻与酸奶混合，制成调味汁。
4. 将调味汁倒入到第一步的豆腐里。

* 虽然是生吃就可以的豆腐，但还是需要用沸
  水焯一下之后再食用。

🦐 意面沙拉

🍱 准备材料

▫ 意面30克，菠萝10克，番茄10克，红灯笼椒 10克，小红萝卜10克，西蓝花10克，酸奶2大 勺，南瓜20克

1. 将菠萝、番茄和红灯笼椒切成1厘米大 小后用沸水稍微焯一下。

2. 西蓝花头部切成1厘米大小，小红萝卜切 成薄片后用沸水稍微焯一下。

3. 意面煮熟后冷却。

4. 南瓜煮熟碾碎后混入酸奶制成调味汁， 然后将1~3步的材料盛入碗中，再加入调 味汁搅拌匀匀。

*煮意面的时候由于不能使用盐来调味，因此意 面本身是没有什么味道的。用意面蘸着调味汁 吃其实味道更佳。

地瓜沙拉

 # 南瓜沙拉

准备材料

▫ 红瓤地瓜50克, 酸奶1.5大勺, 苹果20克

准备材料

▫ 南瓜100克, 液态生奶油50毫升, 半干无花果(或者是李子干)20克

1. 红瓤地瓜烤熟后碾碎。

1. 将半干无花果切碎。

2. 苹果切成细丝。

2. 南瓜蒸熟后碾碎。

3. 将第二步的苹果加入到第一步碾碎的地瓜里, 然后加入酸奶搅拌匀匀

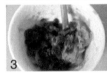
3. 将第一步的无花果加入到碾碎的南瓜里, 然后加入液态生奶油一起搅拌。

*制作简单, 味道纯美的地瓜沙拉由于酸奶的加入更加柔软, 苹果的加入使之更为爽口。

*将不经搅拌的生奶油加入到地瓜、南瓜等多少有些硬的蔬菜里不仅会使味道更香醇, 口感也会变得很柔软。

🫘 苹果甜菜酸奶奶昔

🛒 准备材料

▫ 苹果50克, 甜菜20克, 酸奶100毫升

1. 苹果和甜菜去皮后切成相同大小。

2. 将切好的材料放到搅拌机里搅碎。

3. 混入牛奶。

*这是一款拥有草莓牛奶般美丽颜色的奶昔。味道酸甜, 也可称为是健康果汁。

🫘 红豆奶昔

🛒 准备材料

▫ 红豆80克, 牛奶60毫升

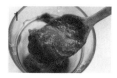

1. 红豆放入压力锅, 加入水, 比平时做饭多用5分钟左右使之熟透, 然后用搅拌机搅碎。

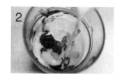

2. 将牛奶倒入第一步的材料里再搅一遍。

*夏季可以 稍微冰一下, 然后像冰激凌一样拿出来吃。过了周岁, 进入添加辅食后期时, 在制作间食或特餐的时候请使用鲜牛奶。

 甜红豆粥

🔖 **准备材料**

□ 红豆1/2杯，梨汁50克

1. 红豆用压力锅煮，比平时做饭多5分钟即可。

2. 将熟透的红豆放到搅拌机里搅。

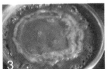
3. 搅好的材料放到小锅里煮，期间加入梨汁煮至黏稠即可。

*直接省略了糯米，而使用适合制作间食的红豆来做甜红豆粥。豆粒容易卡到孩子，因此需要使用搅碎的豆子。

草莓牛奶布丁

🔖 **准备材料**

□ 下层布丁: 草莓3颗，牛奶100毫升，琼脂粉2克
□ 上层布丁: 草莓2颗，琼脂粉1克

1. 将琼脂粉加入到鲜牛奶里煮沸。

2. 将1/3草莓与第一步的材料一起放到搅拌机里搅。

3. 将搅好的第二步材料盛入碗中，再将1/3的草莓切碎后加入，然后放到冰箱冷藏10分钟。

4. 将剩余的最后1/3草莓用搅拌机搅碎，然后加入琼脂粉煮沸，之后倒入到第三步的材料上方，再放冰箱冷藏30分钟至1小时。

*由于布丁里有草莓，因此喜欢草莓的孩子会非常喜欢这款间食的。

 # 南瓜馅饼

准备材料

▫ 南瓜150克，大米粉200克，米糠油少许

1. 南瓜蒸熟后碾碎，一部分加入到大米粉里，倒入热水糅合成面饼。

2. 将面饼制成小圆饼，里面放入剩余的碾碎的南瓜。

3. 包成半月形。

4. 蒸15分钟后取出，放到抹有米糠油的平底锅里煎。

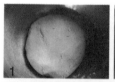

*上面如果浇上一层南瓜腰果蜂蜜酱，就成了成人食用款了。

南瓜发糕

准备材料

□ 南瓜100克，大米粉180克

1. 南瓜蒸熟后碾碎，然后与大米粉分别用漏勺过滤后混合。

2. 将糅合好的面饼再过滤一次。

3. 将棉布铺到蒸锅里，然后将第二步的面饼铺到上面。

4. 然后在面饼上方放上撕碎的南瓜，上方均匀撒上一层粉面，然后用刀切成一小块一小块的形状，将南瓜分别放在每一块的边缘作为装饰，最后用蒸锅蒸。

*这款间食完全可以代替主食食用。第一步过程中，面饼需要到用手攥也不会碎的程度，按照这种要求来调节南瓜的量。

南瓜面包

准备材料

□ 牛奶100毫升，南瓜200克，黄油25克，面粉（高筋粉）420克，南瓜粉20克，酵母菌4克，李子干2个，无花果2个，搅碎的鸡蛋少许

1. 南瓜蒸熟后与80克的牛奶一起用搅拌机搅。

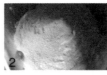

2. 将剩下的20克牛奶加入到过滤过的面粉和南瓜粉里搅拌。

3. 加入切碎的李子干、无花果和黄油，完成面饼的制作，放到烤箱里进行1小时左右的1次发酵，然后三等分后放置15分钟左右。

4. 卷成圆卷后放入模具，倒入200毫升水，放入烤箱进行1小时30分的两次发酵，之后在上面抹上搅碎的鸡蛋，最后放到175°高温的烤箱里烤制25~30分钟取出。

*无论是在发酵的时候，还是放置的时候，一定要用湿棉布将面饼盖上，防止干燥。面包切片后喂食。

椰果饼干

准备材料

▫ 鸡蛋（蛋清）1个，椰果片40~50克

1. 椰果片切碎。

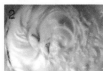

2. 将蛋清打成焗蛋泡，使之发成60%即可。

3. 将第一步切碎的椰果片加入到第二步里完成面饼的制作。

4. 制成圆球形，放到160°高温的烤箱里烤制15分钟左右。

★它并不是入口即化的饼干，反而是由于椰果片本身的松脆而使其略显坚硬，但胜雅坐在那里吃了15个之多。

奶酪空心粉

准备材料

▫ 空心粉40克，洋葱20克，面粉1小勺，黄油3克，牛奶60毫升，儿童奶酪1张

1. 洋葱切碎后放入黄油和面粉炒。

2. 待洋葱熟到一定程度时加入牛奶煮。

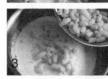

3. 通心粉用沸水煮7~10分钟，然后放入到第二步的材料里煮。

4. 待汤水黏稠时加入奶酪即可。

★这是一款美国孩子经常吃的一款间食。

 # 奶酪球饼干

准备材料

▫ 鸡蛋（蛋黄）2个，儿童奶酪2张，淀粉混合物
（1小勺淀粉+3小勺水）

1. 将煮熟的鸡蛋黄与儿童奶酪一起碾碎。
2. 放入淀粉混合物完成面饼的制作。
3. 制成小圆球，用手一按会有圆鼓鼓的感觉。
4. 放到180° 高温的烤箱里烤制15分钟左右。

＊这是一款非常适合对于吃饼干或大米饼比较困
难的孩子的间食。用手指一按，表皮就会破
掉，非常的酥软。

现在，与我名字的三个字相比，我更习惯大家叫我"胜雅妈妈"。

生孩子、当妈妈这件事似乎是很久以前就已经约定好的事情。挺着大肚子到处走，每天晚上睡前都会和丈夫一起与肚子里的孩子交流。孩子出生、睁开眼睛、换尿布、看到孩子的微笑，这所有的一切就像是梦一样。2013年1月2日，美梦成真啦。我成为了一位幸福的妈妈。

从正式开始抚养孩子开始，我最引以为自豪的事情就是"给孩子做饭"。当我受到挫折，或者是非常疲劳的时候，都会想吃到妈妈做的饭。郊游的早上妈妈做的紫菜包饭和酱汤，高考的时候妈妈给装入到保温饭盒里的饭菜，上班后每天早上都担心我会饿肚子而早早起来为我煮的泡菜豆芽汤饭等，所有的这些在我的记忆里就是"妈妈的饭"。因此我总是会想起这些。

真希望胜雅以后每当劳累的时候，或者是高兴值得庆祝的时候也会想起妈妈给她做过的饭，同时我也希望能够成为无论何时都能为胜雅做出热乎乎美食的妈妈。正因如此，才会感到胜雅的辅食更加特别。

我也并不是每天都能按照计划，根据相应的食谱成功地做出辅食。我也经常会为该选用什么材料、放什么孩子能吃掉一大碗等问题而苦恼。因此有时会选用成人饭菜所使用蔬菜搭配，有时候也会按照自己的感觉来搭配食材。

虽然有成功的时候，但也有失败的时候，此时会为劝孩子吃饭而感到抱歉。就这样，我慢慢掌握了辅食的制作秘诀，也了解到了胜雅喜欢的食材，成功的时候变得越来越多。因此也对制作儿童菜式上有了一定的自信。

进入到添加辅食后期以后，在制作特餐的时候怀着来一顿浓缩的成人版饮食的想法，制作了一些少量的无盐食物。平时就对烹饪很感兴趣的我就这样一个一个的尝试平时所注意观察过的食物。就这样发现了其实对于孩子来说，他们可以食用的食物和这世上的饮食一样多种多样，而且味道方面也很棒，我也能够一起吃。

以后我家美女胜雅、淑女胜雅每天早上都能吃到我做的鸡蛋卷，中午能够吃到我做的烤鱼，晚上能吃到我炖的汤。现在光是想想，就觉得是件非常美妙的事情。

在微博上看到胜雅的食谱而获得动力、得到帮助的众多妈妈们，作为妈妈所拥有的特权"妈妈的味道"对于慢慢长大的孩子来说，希望能够成为他们美好的回忆。希望本书能够成为简单易学的"妈妈的味道"。

"一直在身边关注着胜雅成长的婆婆，当我做辅食的时候会陪孩子玩耍的公公，愿你们能够健康长寿。我爱你们。把我的事情当成自己事情的姐姐以及无可挑剔的胜雅姑姑、嫂子们，谢谢你们。还有我亲爱的爸爸、妈妈、弟弟，虽然没能及时表达自己的心情，但真心为能够成为你们的女儿、姐姐而感到骄傲和幸福。胜雅爸爸，亲爱的！你总是能交给我简单正确的育儿观念，还让我树立了能够好好将胜雅养育长大的信念。你总是在支持不足的我，能够与你一起看着胜雅的笑容我觉得很幸福。我爱你。"

"爸爸妈妈的掌上明珠胜雅，你就像是风雨过后的阳光，让作为妈妈的我也一起觉得生活充满了阳光。妈妈爱你，妈妈爱你。妈妈会一直倾尽全力地去爱你。"

胜雅妈妈

图书在版编目（ＣＩＰ）数据

　幸福育儿：1000 道辅食不重样／（韩）吴相珉，
（韩）朴炫荣著；盛辉译．— 长春：吉林科学技术出
版社，2015.6
　ISBN 978-7-5384-9023-7

　Ⅰ．①幸… Ⅱ．①吴… ②朴… ③盛… Ⅲ．①婴幼儿—
哺育—基本知识 Ⅳ．① TS976.31

　中国版本图书馆 CIP 数据核字（2015）第 088618 号

幸福育儿：1000 道辅食不重样

Xingfu Yu'er: 1000dao Fushi Bu Chongyang

图 07-2014-4439

著　　　　　[韩]吴相珉　朴炫荣
译　　　　　盛　辉
助理翻译　　王志国　潘政旭　史方锐　张传伟　张　植　王琦缘
出 版 人　　李　梁
策划责任编辑　孟　波　冯　越
执行责任编辑　任思诺
封面设计　　长春市一行平面设计有限公司
制　　版　　长春市一行平面设计有限公司
开　　本　　710mm×1000mm　1/16
字　　数　　500千字
印　　张　　35
印　　数　　1—2500册
版　　次　　2016年1月第1版
印　　次　　2016年1月第1次印刷

出　　版　　吉林科学技术出版社有限责任公司
发　　行　　吉林科学技术出版社有限责任公司
地　　址　　长春市人民大街4646号
邮　　编　　130021
发行部电话/传真　0431-85635176　85651759　85635177
　　　　　　　　　　　　　85651628　85652585
储运部电话　0431-86059116
编辑部电话　0431-86037576
网　　址　　www.jlstp.net
印　　刷　　长春第二新华印刷有限责任公司

书　　号　　ISBN 978-7-5384-9023-7
定　　价　　128.00元

如有印装质量问题　可寄出版社调换
版权所有　翻印必究　举报电话：0431-85659498

宝贝，
吃饭啦